Minzcuz Sawcih Okbanj Cienhangh Swhginh Bangfuz Hanghmoeg

民族文字出版专项资金资助项目

BOHMEH GUHLAWZ CAEUQ LWG DOXVAIJ

如何与新生宝宝交流

Sawcuengh Caeuq Sawgun

壮汉双语

Dai Suhfung　　Dauz Hungzlieng　　Guhgoek Sansaw

戴淑凤　陶红亮　主编

Lwgnding　Bouxraeuz　Hoiz

刘敬柳　译

Gvangjsih Gohyoz Gisuz Cuzbanjse

广西科学技术出版社

图书在版编目（CIP）数据

如何与新生宝宝交流：壮汉双语／戴淑凤，陶红亮主编；刘敬柳译．
—南宁：广西科学技术出版社，2016.4
ISBN 978-7-5551-0562-6

Ⅰ.①如⋯ Ⅱ.①戴⋯ ②陶⋯ ③刘⋯ Ⅲ.①新生儿—护理—汉语、
壮语 Ⅳ.①R174

中国版本图书馆 CIP 数据核字（2016）第 060459 号

RUHE YU XINSHENG BAOBAO JIAOLIU（ZHUANG HAN SHUANG YU）
如何与新生宝宝交流（壮汉双语）
戴淑凤 陶红亮 主编 刘敬柳 译

责任编辑：赖铭洪 石 芮　　　　　　封面设计：韦娇林 苏 畅
责任印制：韦文印　　　　　　　　　　责任校对：冯 勇 卢奋长

出 版 人：韦鸿学　　　　　　　　　　出版发行：广西科学技术出版社
社　　址：广西南宁市东葛路66号　　　邮政编码：530022
网　　址：http://www.gxkjs.com　　　 在线阅读：http://www.gxkjs.com

经　　销：全国各地新华书店
印　　刷：广西大华印刷有限公司
地　　址：广西南宁市高新区科园大道62号　　邮政编码：530007
开　　本：890 mm × 1240 mm　 1/32
字　　数：129千字　　　　　　　　　　印　　张：4.5
版　　次：2016年4月第1版
印　　次：2016年4月第1次印刷
书　　号：ISBN 978-7-5551-0562-6
定　　价：20.00元

HAUQ BAIHNAJ

Son Beixnuengx Ciengx Lwg, Hawj Beixnuengx Baenzgvai

Bohmeh ngoenzngoenz ngeix ngingi ngeungeu, lwg caengq doekfag, lwg baez doekfag, bohmeh cix angq mbouj ndaej mbouj ndeq, ok neix bae naj, bohmeh mbouj gag ndeicaw ndwi, caemh deng ciengx lwg, dawz lwg, son lwg dem. Baeznduj guh bohmeh ne, lwg baez daej, baez angq, baez riu cungj saenq caw bohmeh lai. Daemxcih, lwg gwn cij a, ndoet raemx a, ok nyouh ok haex a, ninz a, guhcaemz a, bohmeh fwngz byouq bae dwk bya, hauhneix cix dwgrengz lailai.

Hauhneix, miz lwg liux, bohmeh yaek caep guh gijmaz ne; baeznduj guhlawz cij lwg ne; guhlawz vuenh vajnyouh moq hawj lwg ne; hab hawj lwg gwn gijmaz ndei ne; mbouj hab hawj lwg gwn gijmaz ne; danghnaeuz lwg daej ne, yaek guhlawz guh ne?······gij sienq neix nyungqnyungq nyangqnyangq, daemxcih yienghyiengh cungj gaemh hoz, hauhneix bohmeh fwngz byouq caux ranz, cungj yaek hag guh caez bae nw.

Lwg ne, ngamq daj ndaw dungx meh laegfwngh daeuj daengz aen biengz vava bwenhbwenh neix, diegyouq bienq gvaq, lohsoq gvaq ngoenz caemh bienq gvaq, daemxcih lwg lij caengz rox gangj hauq nauq, hauhneix lwg yaek guh naj guh ning gijmaz daeuj daengq bohmeh ne?

Bohmeh daengxlai bouxboux cungj muengh lwg lajndang maj ndei maj gvai. Daemxcih, muengh lwg baenz lungz baenz fungh, cangh lai gvai lai ne, cawz yaek miz yinz (gene) ndei senggaepndang ne, daj ngoenznduj hwnj, bohmeh yaek in lwg gyaez lwg, hawj lwg ndang rengz, hawj lwg ndeimaez.

Bonj sawj neix cek saw neix, miz doz miz saw, coenz ngaih coenz ndei, vunz Cungguek raeuz yawj liux cix guhlumj bouxmo guh gaij yienghneix, daengzlaeng cix rox guhlawz dawz lwg baenzndei lw. Cek saw neix daj ngoenznduj lwg doekfag gangj hwnjdaeuj, yiengh numh yiengh reg cungj gangj caez bae, daengq bohmeh lwg guh yienghlawz gangjnaeuz lwg nwh aeu gijmaz, caemhcaiq daengq bohmeh lwg cawz mbouj doengz cawz, bohmeh yaek caep doxgaiq gijmaz, yaek caep saejcaw gijmaz hawj lwg dem, hawj bohmeh miz saw ciuq guh, hawj bohmeh yawj ngaih guh ngaih, hawj boh lwg meh lwg doxgyaez doxmaij.

Lwg doekfag liux, bohmeh hab naih souj naih baenz sien, baenz yamq baenz yamq bae guh lo, okrengz son boux lwg gvai lwg ndei okdaeuj. Naengjvah ciengx lwg dwgrengz raixcaix, daeuhvah yawj raen lwg ne ngoenz noengq gvaq ngoenz, ngoenz angq gvaq ngoenz, ngoenz gvai gvaq ngoenz, ngoenz roxsoq gvaq ngoenz ne, bohmeh cix van lumj gwn diengzmoih lo, cix naj angq lumj va hai lo.

Hauhneix, dou cix muengh bohmeh daengxlai bouxboux cungj miz cek saw cangh dawz lwg neix, bouxboux cungj ndaej ciengx boux lwg gvai lwg ndei okdaeuj.

前　言

让育儿常识化作你的智慧

　　宝宝在新手父母热切的期盼中，终于来临，他带给新父母的是无法言喻的快乐。然而，伴随着期盼而来的快乐，护理、养育、教育等一系列责任也接踵而来。尤其是对新手父母来说，宝宝的哭闹、宝宝的微笑，都牵动着他们的心。另一方面，宝宝的吃、喝、拉、撒、睡、玩，也使不少新手父母手忙脚乱不知所措。

　　宝宝来了，父母们要做哪些准备；如何第一次喂奶；怎样给他换掉弄脏的尿布；宝宝吃哪些食物是健康的；哪些又是不能吃的；在他的周围存在着哪些危险，父母又应该如何保护；如果他哭了，父母应该怎么做？……这些琐碎却又无比重要的问题，都是要新手父母一项一项学习的内容。

　　对宝宝来说，刚刚经历了从妈妈体内到世界的巨大转折，面临着生活环境与生活方式的改变，还不会表达的他，有哪些行为是在向新手爸爸妈妈暗示？

让新生宝宝健康、快乐地成长，是每一个做父母的热切希望。要想使他们成为真正的龙凤，先天的聪慧基因固然重要，但从宝宝出生的第一天开始，父母给予的爱和无尽的关心，才是他们健康、快乐成长的源泉。

本书图文并茂、可读性强，是一本中国人自己的育儿护理宝典。本书从宝宝出生后一些生活中的小细节出发，详细地介绍了宝宝各种表现所代表的各种要求，并且对婴幼儿的各个时期父母应该做的物质、精神准备列出了一张明确的"清单"，能够让新手父母简化繁复的护理内容，加深亲子之间的亲密关系。

让父母从宝宝出生后的每一点、每一滴做起吧，亲手培育一个聪慧而优秀的宝宝。尽管那将付出太多的心思与精力，但是有什么能比看着宝宝健康、快乐地成长更让父母欣慰和自豪的呢？

最后，希望天下所有的父母能够拥有这本育儿护理宝典，都能够养育一个聪明健康的宝宝。

Moegloeg 目 录

1. Caeuq Lwg Doxvaij Baenzndei

Bohmeh ciengzmbat yawj raen, lwgnding gyaez meh gangj hauq unqunq. Mbangjseiz, mbouj rox lwg vihmaz hoznyaek, danghnaeuz meh umj lwg hwnjdaeuj, gangj unqunq hawj lwg: "Nding oi, meh youq gizneix ne." Lwg cix mbouj daej lw. Mbangjseiz, meh gag aj bak ndij sing lwg, gag nam gag damz ndwi, lwg caemh dingh roengzdaeuj bw.

Lwgnding gyaez meh gangj hauq unqunq.

Canghngvanh naeuz, meh caeuq lwg daengjneix doxgangj, vunzlai laihnaeuz mbouj miz yungh, daemxcih daengjneix ndaej coengh uk lwg maj baenz dahraix. Doenghbaez, canghngvanh aeu mauhsaenqnyinh hawj 20 coix lwgnding daenj, liux cix langh sing meh gyoengqde hawj gyoengqde nyi, baudaengz duenh langhsing doeg sawfaenz, duenh hauq unq meh daegdingq daeuq lwg. Daengzlaeng canghngvanh yawj raen, langh sing meh daegdeih daeuq lwg ne, giz uk haeujgyawj najbyak de faengz lai. Hauhneix, canghngvanh cix naeuz: Lwg ndaej nyi bohmeh daegdeih daeuq lwg gangj hauq ne, uk lwg lai faengz lai angq.

Bohmeh gangj hauq、ciengq fwen hawj lwg, yawj lwg unqunq, rub lwg unqunq, hawj bohmeh caeuq lwg caw doxnem, hauhneix lwg cix ngeix ndaej lai gyae, uk cix lai gvai, naj cix lai hai, ndang cix lai rengz. Bohmeh ciengzmbat daeuq lwg gangj hauq, mbouj gag hawj bohmeh caeuq lwg ndaej doxhaeuj, caemh ndaej son lwg gangj hauq dem.

Lwg ne, ceiq gyaez meh guhlumj duznoudaeh yienghneix umj de. Lwg ngamq daeuj daengz biengz, bohmeh cix umj lwg, guhlumj venj lwg youq najaek hauhneix, hawj lwg ndaej youq onj. Guh hauhneix ne ndaej hawj lwg, daegbied dwg hawj lwgsegcaeux caw lai dingh, maj lai onj. Umj lwg youq najaek, it ne, ndaej hawj meh lwg naeng doxnem, hawj lwg roxnyinh aen biengz raeuz lai unq lai raeuj, hawj lwg diemheiq net, cawsaenq net, yangjlwed net, hawj lwg ndaej siu ndei, ninz ndei, maj noh ndei; ngeih ne, meh ndaej caeuq lwg doxnem haeujgyawj lai, hauhneix caux raemxcij cix lai.

2. Caeuq Lwg Doxvaij Banlawz Guh Baeznduj

Lwg baez doekfag, bohmeh cix caeuq lwg doxvaij guh baeznduj lw. Uk yaek maj caezcienz, mbouj gag aeu gaiqboujmaj ndwi, lij deng aeu aenbiengz daeuj nyex caengq baenz. Laenghnaeuz lwg mbouj ndaej daeuq mbouj ndaej son ne, uk lwg cix mbouj lingz, dinfwngz lij cix mbouj raeh geijlai.

Lwg baez doekfag, bohmeh cix caeuq lwg doxvaij guh baeznduj lw.

Lwg ngamq seng okdaeuj, uk caengz maj baenz, daemxcih uk ndaej baenj gvai baenj ndei bae. Lwgnding gyaez hag lai, cangh hag lai, bouxlawz cungj mbouj rox uk lwg cang ndaej geijlai doxgaiq, laenghnaeuz boux vunz ngamq doekfag cix ndaej son ndeindei ne, gij rengzyaem de aiq ndaej bienq baenz caen guhcaez. Hauhneix, lwg seng okdaeuj liux, bohmeh yaek lai caeuq lwg doxvaij nw. Diuz goj "lwg ma' naez" senq lwnh gij dauhleix vihmaz yaek doxvaij caeux de hawj raeuz gvaq.

Cawzcaeux guh doxvaij, bohmeh deng gaem dawz cawzndei, lwg mbouj lwg, bohmeh deng yawj bi' ndwen lwg bae caeuq lwg doxvaij. Lumjnaeuz, lwg lij youq ndaw dungx meh ne, bohmeh cix son lwg, vunzlai nyinhnaeuz gaiq neix ndei lai; lwg ngamq doekfag mbouj geij nanz, bohmeh yaek coengh lwg lienh yawj, lienh nyi, lienh ning; lwg ndaej geij ndwen le, bohmeh yaek son lwg gwn haeux, ok nyouh caeuq ok haex v.v..

Lwg ngamq doekfag ne, uk gag 350 g hwnjroengz, ndaej 6 ndwen liux cix miz 600 daengz 700 g hauhneix, daemxcih cawzde saenzging uk lwg lij caengz maj caez. Caj lwg naihnaih maj laux le, hawj aenbiengz vava loegloeg raeuz daeuj doj lwg habngamj, daengzlaeng bopmizmingh uk lwg cix maj riuz, cix doxnem, daengzlaeng uk lwg cix maj caezcienz lw. Uk vunz ne, mbouj yungh de cix nduk, yungh ne de cix lingz, hauhneix ne, raeuz deng lai daeuq lwg, hawj lwg lai ngeix caengq baenz bw.

Lwg gyaez duenz guhcaemz ne, bohmeh cix duenz lwg, hawj lwg guhcaemz angq, gaej lau lwg dwgrengz, hauhde guhcaemz mbouj dwgrengz nauq lw, dauqfanj ndaej lienh uk hawj lwg.

Mbangj bohmeh naeuz caih lwg guhlawz maj cix guhde maj lw, aenvih gyoengqde lau lwg iq lai, yungh uk naek lai ne, lau uk lwg maj mbouj ndei; mbangj bohmeh laihnaeuz lwg iq lai cix son lwg hag saw hag sa, lau uk lwg naiq. Gangj caen ne, bohmeh mbouj hoj gwnheiq lai, aenvih lwg iq lai, gyang hoz geiq doxgaiq riuz, lumz doxgaiq caemh riuz, yaep gyoengqde cix lumz seuq bae gvaq. Hauhneix, bohmeh caeuq lwg doxvaij guhcaeux, mbouj luenh son, mbouj luenh doj ne, lwg cix gag lienh uk ndwi, sieng lwg mbouj ndaej, dauqfanj ndaej hawj lwg maj lai gvai dem, bohmeh gaej dauzheiq lai.

3. Cawzcaeux Bohmeh Caeuq Lwg Doxvaij Yaek Haeujcaw

Lwg ndaej saek song bi liux, bohmeh yaek son lwg gangj hauq caeuq guhning. Lwg hop bi le, bak cix lai gvai lw, rox gangj mbangj coenz dinj daeuj gyo vunz roxnaeuz daengq vunz lw, cawzneix, bohmeh yaek vix aen doxgaiq hawj lwg yawj, lwnh lwg nyi aen doxgaiq de coh guh gijmaz, hawj lwg nen aen doxgaiq de; yoek lwg lai aj bak

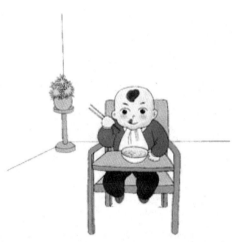

Cawzcaeux bohmeh caeuq lwg doxvaij, yaek gaem dawz mbangj lohsoq nw.

gangj hauq, son lwg gangj seuq gangj saw, gangj menh gangj deng; yoek lwg lai gaem dawh gwn haeux, lai ning fwngz guhcaemz, hauhneix ndaej lienh fwngz raeh.

Lwg ndaej song sam bi liux, bohmeh yaek yawjnaek vamzcaw lwg. Cawzneix yaek son lwg guh saeh yaek guh ndei baenzrauq, lumjnaeuz gag gwn haeux、swiq naj swiq fwngz、dawzseiz ok nyouh ok haex, yoek lwg bae guh mbangj hong ngaih, hawj lwg roxsoq roxleix.

Lwg ndaej sam bi liux, bohmeh yaek son lwg mbangj raemxrox mbwnndaen caeuq raemxrox biengzvunz, daemxcih gaej son naek lai, lau lwg mbouj roxnyi, bohmeh bae daeuq lwg, hawj lwg gag duenz gag ngeix, caxnaeuz lwg cam ne, bohmeh deng hozraez han lwg.

Cawzcaeux bohmeh caeuq lwg doxvaij, yaek gaem dawz mbangj lohsoq nw, lumjnaeuz lwg caengz rox guh senz cungj saeh, daemxcih hab hag gvaq, hauhneix bohmeh cix yoek lwg, daeuq lwg bae ngeix bae guh, hawj gij rengzyo duh lwg ndaej bienq baenz caen lai riuz. Daemxcih, yoek caeux lailai caengq mbouj baenz bw, lwg iq lai go, ngeix laeg mbouj ndaej nauq. Lumjnaeuz lwg seiq ndwen de gyaez caemz gaiqcaemz najaek de, daemxcih ngamq ndaej sam ndwen ne, mbouj ngah guh hauhneix, bohmeh hab venj mbangj gaiqcaemz youq gwnz mbonq lwg, hawj lwg gag vaeg aeu, hauhneix ndaej lienh da raeh caeuq fwngz raeh hawj lwg. Lwg ndaej bi donh hauhneix ne, lwg hag gangj hauq cix riuz lai, hauhneix bohmeh cix yoegcaeux song sam ndwen caeuq lwg fatsing guhcaemz, caeuq lwg guhcaemz, yaek lai caeuq lwg doxgangj, son lwg oksing, hawj lwg lienh ngeix lienh naeuz.

Cawzcaeux bohmeh caeuq lwg doxvaij ne, yaek guh angq guh soeng, guh lai yiengh; bohmeh caeuq lwg doxvaij yaek yoek aeu, yaek son aeu, gaej gaemh aeu, bohmeh yaek hawj lwg lai ndomq、lawi nyi、lai caemz、lai guh mbangj sienq ndanggaeuq guh ngaih de, hawj lwg bae gyora raemxrox moq ndij caw faenhndang, gaej ep meuz gwn meiq.

4. Caeuq Lwg Doxvaij Gaej Guh Loek Bw

Bohmeh caeuq lwg doxvaij, gaej guh loek lumj baihlaj neix:

Son naek son laeg hawj lwg. Bohmeh son lwg hag lailai doxgaiq nyungqnyungq nyangqnyangq, lumjnaeuz hag Sawgun、hag geqsoq、hag hauq miengzrog、hag veg doz、hag dwk gimz, hawj lwg baenzgaemz cix gwn roengz dungx bae, hag lai le, lwg cix naiq, lwg cix mbwq, daengzlaeng lwg cix mbouj gyaez hag saw lw.

○ Dawz lwg gaet lai, gaemh lwg seizseiz einyi. Guh yienghneix ne, lwg cix mbeinou, baenz vunz liux cix cawnoix, mbouj gamj gag bae caux ngoenz moq, mbouj gamj bae sing lajmbwn.

○ Muengh lwg duzngwz bienq duzlungz. Mbangj lwg caenhrengz gvaq, daemxcih bohmeh mbouj rimhoz, lij naeuz lwg haenq lai, hauhneix lwg cix deng sieng caw, daengzlaeng cix doeknaiq, mbouj ngah doeg saw lw.

○ Bohmeh mbenj lwg lai, mbouj gamj guenj lwg. Bohmeh caih lwg gauz sam gauz seiq, mbouj gamj guenj lwg. Hauhneix hawj lwg luenh mbej, luenh ngaetngeuj ne, daengzlaeng lwg cix mbouj ngah doeg saw, naek ne lij guh rwix guh yak nw.

○ Lij yaek daengq liuxboz beixnuengx dem, gaej ngeixnaeuz lwg iq lai gijmaz doengj mbouj rox, hauhneix

Gaej ngeixnaeuz lwg iq lai gijmaz doengj mbouj rox, hauhneix cix luenh hat lwg luenh fok lwg.

cix luenh hat luenh fok lwg. Bohmeh gangj hauq miz cib yiengh mbouj ndaej luenh guh:

（1）Gaej luenh ndaq lwg: Gaej luenh gangj "vax ma"，gaej luenh gangj "huk lai ma" v.v..

（2）Gaej luenh baeh lwg: Gaej luenh gangj "ya, mwngz lumj mou hauhneix" v.v..

（3）Gaej luenh hat lwg: Gaej luenh gangj "yazfaz lai lw, mwngz" v.v..

（4）Gaej luenh gaemh lwg: Gaej luenh gangj "byaegbak"，"mwngz gaej gauz lai" v.v..

（5）Gaej luenh ep lwg: Gaej luenh gangj "hauhneix ndwi" v.v..

（6）Gaej fok lwg: Gaej luenh gangj "gou mbouj guenj mwngz lw, caih mwngz gauz lw" v.v..

（7）Gaej gyo lwg: Gaej luenh gangj "iq a, gaej gauz lw o, meh gyo iq gaej gauz lw" v.v..

（8）Gaej luenh nam lwg: Gaej luenh gangj "ya, baenzbaenz son mwngz mbouj rox, huk yaek dai" v.v..

（9）Gaej oet lwg: Gaej luenh gangj "iq bae liuh ne, meh cix cawx bingj hawj iq gwn, o" v.v..

（10）Gaej baeh lwg: Gaej luenh gangj "yo, ak lai bw, hw, ng, ak lw ak lw" v.v..

5. Guhlawz Caeuq Lwg Hozgaed De Doxvaij

Miz mbangj lwg, laenghnaeuz bae haw bohmeh mbouj cawx doxgaiq hawj de ne, lwg cix daej; hozgaek ne cix luenh banj doxgaiq; guh saeh loek daemxcih euqbak lai, mbouj nyinhloek nauq······cungj lwg neix hozgaed lai lw. Lwg hozgaed ne cix gangjnaeuz lwg naih guh saeh rwix, mbouj gajnyi bouxlaux naeuz, mbouj guenj guh ndaej ngamj mbouj ngamj; bouxlawz naeuz ne de lij euqbak, de lij hoznyaek.

Lwg ndengj lwg yaeg, laenghnaeuz bohmeh aeknaj lwg lai ne, lwg cix guhlumj malwg mbouj lau raemxgoenj hauhde guh neix guh de, hawj bohmeh doeknaiq. Laenghnaeuz ngeix baenq lwg ndei ne, bohmeh deng guh dauh mbouj lau fangz doz, deng okrengz niuj gij beizheiq nyauq lwg gvaqdaeuj. Daemxcih dingzlai bohmeh naih mbouj roengzbae nauq, guh daengz donh cih doeknaiq gvaq, yawj raen lwg mbej ne, caw cix unq, cix naeuz yawj lwg daej caw in lai, mbouj ndaej vangq dawz lwg, roxnaeuz damz naeuz "lwg manz lai, guenj mbouj ndaej go" , daengzlaeng cix caih lwg guhlawz cix guhde lw. Hauhneix, bohmeh yaek roxndeq aen dauhleix gonq,

coengh lwg gaij beizheiq nyauq, bohmeh gaejlaeg luenh nyiengh lwg, gaej luenh cung lwg, faex iq goz mbouj niuj, hung liux niuj mbouj dauq, bohmeh deng naih souj naih baenz baed nw.

Bohmeh ngeix baenq beizheiq lwg ne, yaek miz di

Lwg ndengj lwg yaeg, laenghnaeuz bohmeh aeknaj lwg lai ne, lwg cix guhlumj malwg mbouj lau raemxgoenj hauhde guh neix guh de, hawj bohmeh doeknaiq.

lohsoq caengq baenz, lumjnaeuz laeuqloem lwg, hawj lwg bae cim bae ngeix gaiq wnq, mbouj leixlangh lwg, ciengj lwg, fad lwg roxnaeuz camhseiz laengz lwg hwnjdaeuj. Caxnaeuz dawz lwg bae ndaw bouq, lwg daej aeu doxgaiq mbouj miz yungh de ne, bohmeh cix yienq de, laenghnaeuz yienq mbouj ndaej ne, hauhneix bohmeh cix gag bae gonq, hawj lwg gag laeh doeklaeng; daemxcih bohmeh deng gajnyi sing daej lwg bw, laenghnaeuz daej sing iq le, bohmeh deng mbit ndang yawj bw. Caxnaeuz lwg luenh banj doxgaiq mbouj ngah gip ne, bohmeh deng naeuz lwg, hawj lwg gip hwnjdaeuj gatdaengz, laenghnaeuz lwg dingjgeng lai, mbouj gip ne, hauhneix bohmeh cix gimq lwg okbae liuh, gimq lwg caemz gaiqcaemz, gimq lwg yawj heiqngaeuz; laenghnaeuz hab guh ne, bohmeh cix gaem fwngz lwg bae gip, seizneix bohmeh mbouj hoj gangj gijmaz ne.

Laenghnaeuz lwg mbouj luenh hozgaed geijlai lw ne, bohmeh cix haenh lwg. Mbangjseiz, lwg dingjgeng yaek guh aen saeh ndeu, saeh de aiq dwg saeh ndei, laenghnaeuz dwg saeh ndei ne, lwg guh hauhneix cix gangjnaeuz lwg rox gag ngeix gvaq, hauhneix bohmeh yaek haenh lwg nw, haenh lwg hawj lwg rox gijmaz hab guh, gijmaz mbouj ngamj guh.

6. Ndaw Ranz Doxgyaez Doxndei Lwg Caengq Maj Ndei

Ndaw ranz doxgyaez doxndei hawj lwg ndaej maj ndei, lwg gyaez bohmeh in, lwg gyaez vunzranz ndiep, daengx ranz vunz doxgyaez doxmaij ne, lwg cix gvaq ndaej angq gvaq ndaej maez, ndang lwg cix maj noengq maj ngoek.

Lingqnaeuz vunzranz doxndaq doxvet ne, lwg cix doekcaw, lwg cix dwglau;

Ndaw ranz doxgyaez doxndei hawj lwg ndaej maj ndei.

roxnaeuz bouxlaux hozndat luenh hat lwg ne, lwg cix vei, lwg cix dwgcoh; laenghnaeuz bohmeh doxnyaek, yaek doxmbek cix sing aeu lwg, hauhneix cix aeu doxgaiq lwg maij de daeuj lox lwg ne, aenvih lwg mbouj rox guhlawz deng guhlawz loek, hauhneix daengzlaeng lwg cix bienq baenz boux gagmaeuz ndeu, baenz boux ngaek vunz ndeu, baenz boux gangjbyangz ndeu, baenz boux hazdaij riengz rumz vaij ndeu, hauhneix cix vaih ciuhvunz lwbw.

Yaek aeueiq lwg. Lwg seizseiz cungj gyaez bohmeh aeueiq lajndang, daeq iq cix ndaej bohmeh aeueiq, yienghneix lwg cix cawhung, lwg cix ndokgeng, baenzvunz liux caengq rox aeueiq fwx. Mbangj bohmeh dangq lwg dwg gaiqcaemz, hauhneix cix luenh doj lwg guhcaemz, lumjnaeuz yawj lwg bizbwdbwd, cix riu lwg dwg "mou lwg", yawj lwg roz cix heuh de guh "lingz iq", yawj lwg guh saeh miz di numq cix ndaq lwg guh "duzmou"、 "duzcwz". Hauhneix guh cix bamz lai lwbw, laenghnaeuz bohmeh naemj hawj lwg maj ndei ne, hauhneix cix yaek aeueiq lwg, gaej luenh gangj cungj hauq mbouj sam mbouj seiq neix.

Lwg guh loek ne, bohmeh naeuz lwg deng roxsoq. Lwg lij iq, seiz mbouj seiz cix guh loeng, hawj bohmeh mbouj angq, bohmeh ne, gaej nyapnyuk lai, deng son lwg, deng naeuz lwg, naeuz deng naeuz roxsoq, naeuz deng naeuz hableix, hawj lwg rox hit, cien' geiz gaej youq baihnaj vunzlai fok lwg, cien' geiz gaej luenh naeuz lwg bamz lai, huk lai, ngawz lai, luenh dub vunz, luenh haeb vunz. Laenghneix bohmeh naeuz haenq lai ne, lwg cix doeknaiq lai lw.

Youq ndaw ranz bouxboux doxdaengh, bouxboux doxsauh. Bohmeh gyo lwg bang guh saeh ne, deng caeuq lwg doxyaeng gonq, gaej gaemh lwg bae guh. Lwg coengh bohmeh guh saeh baenz liux, bohmeh deng naeuz "gyo' mbaiq" hawj lwg. Laenghnaeuz bohmeh guh sienq loek roxnaeuz gangj hauq loek ne, deng boizloek hawj lwg, gaej luenh vei lwg, gaej luenh gvaiq lwg.

7. Okrengz Hawj Daengx Ranz Gvaq Ndei Gvaq Raeuj

Ranz ndei ranz raeuj, lwg cix maj ndei maj baenz. Hauhneix raeuz deng ciuq baihlaj neix bae guh, okrengz hawj daengx ranz vunz gvaq ndei gvaq raeuj :

○ Daengx ranz vunz yaek doxvaij caw, yaek doxaeueiq, gaejlaeg luenh gangj bamz.

Lwg cam bohmeh, bohmeh yaek han lwg, caemh yaek haenh lwg dem.

○ Daengx ranz vunz doxyouq lienh ndang, doxyouq guhcaemz, ndaej vangq cix guhdoih bae suenguh' angq linh.

○ Laenghnaeuz miz vunz gangj hauq ne, vunz wnq yaek daengjrwz nyi.

○ Laenghnaeuz miz vunz okdou ne, vunz wnq yaek rox boux okbae de bae gizlawz, seizlawz ma.

○ Laenghnaeuz miz vunz baenzbingh ne, vunz wnq deng ganq ndei dawz ndei.

○ Laenghnaeuz ndaw ranz yaek guh sienq mbwk ne, lumjnaeuz yaek cawx doxgaiq bengz, roxnaeuz yaek guh laeuj ne, daengx ranz vunz yaek doxan.

○ Gaej gaemh lwg lai, lwg gyaez gijmaz cix caih lwg bae guh gijmaz, daemxcih laenghnaeuz lwg guh loeng ne, daengx ranz vunz deng son lwg riengzcawz.

○ Gaej luenh hat lwg.

○ Ei lwg yaek coengh lwg guh sienq, daemxcih guh mbouj baenz ne, bohmeh yaek gej hawj lwg nyi vih gijmaz guh mbouj hau.

Lij miz dem, bohmeh yaek yoek lwg lai ngeix lai ngvanh. Ngoenzndwi, bohmeh caeuq lwg guhdoih guh sienq, bohmeh yaek gej hawj lwg nyi. Yienznaeuz lwg lij iq, mbouj rox bohmeh naeuz gijmaz, daemxcih bohmeh lai naeuz geij gau ne, lwg cix baenzrauq, daengzlaeng cix menhmenh bae ngeix gij hauq bohmeh, bae nwh gij saeh bohmeh. Laenghnaeuz lwg mbouj rox gangj hauq, fwngz vad bae vad dauq yaek haemq bohmeh ne, bohmeh coj yaek han lwg ndeindei. Caxnaeuz bohmeh mbouj ngah leixlangh, najsaep lai ne, lwg yawj raen le, daengzlaeng cix mbouj ngah ngvanh lw.

Lwg naih bienq naih laux, daengzlaeng yaek roeb lailai doxgaiq moq, bohmeh ne, yaek yoek lwg aj bak cam, hawj lwg cam vih gijmaz guh hauhneix hauhde, roxnaeuz bohmeh cam lwg gyaez mbouj gyaez gaiq neix gaiq de, hawj lwg lai ngeix di. Lwg cam bohmeh ne, bohmeh rox cix han lwg ndeindei, mbouj rox ne, cix naeuzsoh hawj lwg. Lwg cam bohmeh, bohmeh yaek han lwg, caemh yaek han lwg dem.

8. Gij Lohsoq Vamzcaw Lwg Fat Baenz

Lwgnding a, lingzsingj lai, lwg baez doekfag ne, bouxlawz ndwn youq baihnaj lwg, gijmaz coq youq baihnaj lwg, lwg cungj gyaez caez, vunz youq gwnz biengz neix gyang caw yaek nwh gijmaz, lwg cungj naihnaih nwh caez Hauhneix, bohmeh dawz lwg, yaek hawj lwg youq ndei gwn van ne, lij deng caeuq lwg doxnem caw, hawj lwg vamzcaw fat ndeindei.

○ Ngoenzngoenz guh gijmaz cungj yaek hwnjgyaeuj ndei. Gyanghaet mbouj nanz, daemxcih bohmeh yaek caeuq lwg doxyouq ndei, hawj lwg caw raeuj, hawj lwg ndeimaez.

Gyanghaet, hawj lwg gag hwnq, haida cix yawj raen naj riu vunzranz, liux vunzranz riunyumjnyumj dongx lwg, dongx liux menh coengh lwg daenj buh, swiq naj, bouxlaux ne, gaej gyaep lwg, gaej hoznyap coq lwg. Lwg ndaej song bi liux, cix hawj lwg haeuj congz caeuq bohmeh gwn ndijgaen. Bohmeh bae

Lwg youq gyang caw ciengzmbat nwh caeuq bohmeh doxgangj.

hwnjbae ne, okdou yaek cup lwg roxnaeuz umj lwg, hawj lwg roxnyinh bohmeh gyaez lwg lailai, hauhneix gyang caw lwg cix van; bohmeh yaek dajheiq hawj lwg, yaek yoeghaenh lwg, riunnyumjnyumj naeuz lazgonq hawj lwg.

○ Lwg nwh caeuq bohmeh doxgangj. Lwg caengz hop sam bi de

baengh bohmeh lai, ngat bohmeh lai, seizseiz cungj nwh caeuq bohmeh nemgyawj, cungj nwh caeuq bohmeh guhcaemz, caeuq bohmeh doxcux. Hauhneix, bohmeh roengzhong le, cix ra vangq bae buenx lwg cau, cam lwg gvaq ndaej ndei mbouj ndei, hawj lwg gangj goj hawj bohmeh nyi, bohmeh ne, lij yaek damzraih hawj lwg nyi, guh fwen hawj lwg nyi, lwnh cienh hawj lwg nyi dem. Youq ranz guhcaemz cau mbouj naih gijmaz go, bohmeh ne ndaej gejmbwq, lwg ne caemh ndeicaw.

O Buenx lwg guhcaemz. Mbangj bohmeh guh hong nyaengqdoekdoek, hauhneix cix gag dawz bak lwg ndwi, yawjmbaeu saejcaw lwg. Mbangjseiz lwg saetyekyek boemj haeuj rungj bohmeh bae, heuh bohmeh buenx guhcaemz roxnaeuz heuh bohmeh lwnh goj, daemxcih bohmeh mbouj ngah swt nauq, hauhneix lwg cix doeknaiq lw, cix mbe' mbwtmbeuj lo. Bohmeh ne, laihnaeuz lwg mbouj gvai, daemxcih gangj caen ne, dwg bohmeh loeng go, gaej bae laih lwg nw. Hauhneix, bohmeh ndaej vangq cix lai buenx lwg guhcaemz go.

9. Hawj Lwg Ndaej Ninz Ndei Baenzrauq

Lwgnding ceng mbouj lai seizseiz cungj ninz, ngoenz yaek ninz guhcaez bae, daemxcih caj lwg naihnaih maj laux le, ninz cix bienq dinj lo, lwg ndaej bi liux, ngoenz hwnz yaek ninz 13 aen cungdaeuz, ndaej sam bi liux, ngoenz hwnz yaek ninz 12 aen cungdaeuz. Caemhcaiq dem, aenvih lwg loq laux liux ndaej nemgyawj baihrog maqhuz lai, ngoenz ning caemh bienq lai, hauhneix yaek haeujninz lij faengz gvaq doenghbaez, hoj ninz ndaek lai, hauhneix, laenghnaeuz lwg ninz mbouj ndei ne, ndang cix yaez. Hauhneix, bohmeh yaek roengzrengz bae dawz lwg, hawj lwg ninz ndei baenzrauq.

Daih' it, hawj lwg haeuj seiz ndei liux cix ninz. Ngoenzndwi, lwg ndaej bi donh liux, hawj lwg gyanghaemh 9 diemj cix haeujninz, ninz daengz ngoenz daihngeih gyanghaet 7 diemj, hauhneix liux ndei, gyangringz ne, ninz song sam aen cungdaeuz cix baenz gvaq. Daemxcih bohmeh caemh ndaej ciuq cingzhingz faenhndang bae guh. Laenghnaeuz lwg guhgvenq ndei ne, lwg ninz ndaek coj ngaih.

Gyang donh diemjcung yaek ninz de, gaej hawj lwg maengx lai. Coengh lwg swiq fwngz、swiq naj roxnaeuz swiq ndang, laenghnaeuz heuj lwg maj caez gvaq ne, bohmeh cix son lwg cat heuj. Swiq seuq lwne, bohmeh cix aeu buh rungq hawj lwg daenj, liux cix haeuj mbonq bae ninz.

Hawj lwg daeq iq gag ninz ne, daengzlaeng lwg cix gag ninz ndaej onj, ninz ndaej laep.

Laenghnaeuz gyangngoenz ndit rongh lai, hauhneix cix hoemq baengzdangq hwnjdaeuj, gyanghaemh ninz ne deng ndaep daeng, hawj lwg ndaej ninz caem ninz dingh. Laenghnaeuz lwg haeuj mbonq liux faengz ne, bohmeh cix hawj lwg caem yaep, liux menh lox lwg ninz.

Itbuen gangj ne, hawj lwg daeq iq gag ninz ne, daengzlaeng lwg cix gag ninz ndaej onj, ninz ndaej laep, daemhxcih dingzlai lwg gyaez caeuq bohmeh guhdoih ninz, hauhneix bohmeh hawj ninz guhdoih ninz gonq, caj lwg ninz ndaek liux menh umj lwg haeuj mbonq lwg bae gag ninz.

Mbangj lwg gyaez gyanghwnz gwn cij, daemxcih caj lwg loq mbwk di lw, bohmeh deng coengh lwg gaij bw. Mbangj lwg gyaez umj gaiqcaemz daeuj ninz, lumjnaeuz umj gaen a, roxnaeuz mup gyaeujmoegcaep a, guh gaiq neix liux lwg cix ninz, bohmeh gaej bae baenq lwg bw, caih lwg guh, laenghnaeuz gaemh aeu, lau lwg daej nw.

Lwg haeujninz, bohmeh deng dawz ndei. Lwg ngamq haeuj ninz gyaez ok hanh, hauhneix bohmeh gaej goemq moeg lai hawj lwg, caj lwg ninz ndaek liux, coengh lwg uet hanh liux, menh goemq ndei hawj lwg. Lwg ninz ne, bohmeh yaek roxgeiq hai di cueng hawj ranz ndaej doeng rumz, daemxcih gaej hawj rumz ci lwg sohsoh. Mboujlwnh ninzringz roxnaeuz ninzhwnz, cungj yaek duet buhvaq gaeuq bae, rieg buhndaw roxnaeuz buhninz dawzcawz de daeuj ninz. Laenghnaeuz gag daenj buh ndwi, mbouj hoemq moeg ne, roxnaeuz goeb buh ndwi ne, lwg ninz cix ok hanh baenzngaih, dwgliengz liux cix baenzbingh.

Gangj bae gangj dauq ne, bohmeh deng ciuq lajndang lwg bae guh, coengh lwg ninz ndei baenzrauq. Lwg ndaej youq soeng, lwg ndaej youq ndei, lwg ndaej raeuj caw, lwg cix gag ninz van, gag ninz ndaek lw.

10. Son Lwg Gag Aeueiq Lajndang

Lwg hop bi liux, gyang caw nwh cix naihnaih guhlumj bouxlaux lw, caxnaeuz lwg gag aeueiq na lai ne, cix guhlumj baihlaj neix: Ceuqleuz, gyaez gangj gyaez lwnh; cangh doxvaij; caeuq vunz doxgangj, gyaez guhgoek, mbouj nyinh naengh henz ndwi; gyaez cam gyaez yawj sienq lajmbwn;

Caxnaeuz bohmeh in lwg dahraix, aeueiq lwg dahraix ne, lwg cix gag rox aeueiq lajndang dahraix.

gag saenq lajndang na lai, gag saenq ndanggaeuq guh gijmaz cungj guh ndaej hau.

Caxnaeuz bohmeh in lwg dahraix, aeueiq lwg dahraix ne, lwg cix gag rox aeueiq lajndang dahraix. Hauhneix bohmeh yaek son lwg gag aeueiq lajndang ne, hab ciuq baihlaj neix bae guh:

Daih'it, bohmeh yaek coengh lwg ra sienqmaij、sienqgyaez, lumjnaeuz son lwg veh doz、nyi fwen, roxnaeuz haenh gij lwgnyez youq ndaw langhngaeuz guh fwen、dwk gimz roxnaeuz raiz saw de, hawj lwg naihnaih haengj guh gij sienq de.

Daihngeih, bohmeh yaek haengj yaek haeujrox gij nyezdoih duh lwg, yaek hoznet gajnyi vamzmuengh duh lwg, yaek coengh lwg guh gij sienq hableix de baenz bae, hawj lwg bozcaw.

Daihsam, mboujvah gwn haeux、guh sienq roxnaeuz guh caemz,

bohmeh cungj yaek son lwg guh gvenq ndei, cungj yaek son lwg yaek roxsoq, yaek roxleix, gaej luenh guh yak guh rwix. Laenghnaeuz lwg guh loeng ne, bohmeh mbouj hab fad lwg haenq lai, guh hauhneix bae baenq lwg, bohmeh hab gangj dauhleix gonq, aeu dauhleix bae hawj lwg rox hit.

Doeksat, youq ndaw ranz, bohmeh yaek hozunq、hozraez、dungxgvangq、dungxlaux, guh hauhneix bae son lwg roxsoq, laenghnaeuz lwg caeuq bohmeh naemj mbouj doxdoengz ne, bohmeh yaek han ndei hawj lwg, gaej guh nyungqnyangq hawj lwg.

Youq gizneix, lij yaek daengq beixnuengx daengxlai dem, mbangjseiz ndaw ranz miz hek daeuj, mbangj bohmeh gyaez heuh lwg mbe gij vamzcangh hawj bouxhek yawj. Daemxcih guh hauhneix mbouj ndei geijlai bw. Aenvih lwg mbouj ngah guh, bohmeh ep meuz gwn meiq ne, lwg cix doeknaiq, hauhneix cix caih lwg lw, lwg gyaez cix guh, lwg mbouj gyaez guh ne, cix gaej gaemh lwg.

Gangj bae gangj dauq, laenghnaeuz lwg gag aeueiq lajndang ne, lwg cix maj ndei, hauhneix bohmeh deng son ndei nw.

11. Guhlawz Caeuq Lwg Hop Ndwen De Doxvaij

Lwg hop bi liux cix rox guh mbangj saeh lw, lumjnaeuz: Rex ndang lwg, gyaeuj lwg cix iet; seizneix soqda lwg dwg 0.01 yienghneix, hauhneix lwg yawj raen gij doxgaiq angjda caeuq gij doxgaiq bibuengq, mbangjseiz lij rox gaiqlawz gaiqnding, gaiqlawz gaiqhau, lij rox gaiqlawz gaiqrongh,

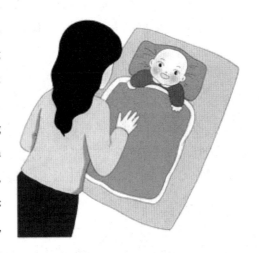

gaiqlawz gaiqlaep, daemhcix lwg yawj mbouj seuq gij doxgaiq gyae; lwg youq ndei ne, laenghnaeuz bohmeh daeuq guhcaemz ne, lwg cix cim naj bohmeh, lij riugekgek dem; youq giz 50 cm gyae de, sing lingz ndaeng ne, lwg cix ning ndij sing ndaeng de.

○ Nyi singsoz mbaeu. Meh cij lwg, cix langh singsoz mbaeu hawj lwg nyi, meh langh ne cix langh cungj unq、cungj numq de hawj lwg nyi, lwg dingz gwn cij dingz nyi soz, saejcaw cix ndei. Daemxcih bohmeh yaek haeujcaw bw, gaej langh sing gok, gaej langh sing ndaeng, gaej langh lai hot, ngoenz langh hot cix baenz gvaq, baebae mama langh geij baez, baez langh cib lai faencung yienghneix, gvaq geij aen singgeiz liux menh aeu hot moq daeuj vuenh. Lwg daeuj biengz ndaej geij ngoenz le, bohmeh cix hab langh singsoz mbaeu hawj lwg nyi la. Hawj lwg nyi soz ne, ndaej lienh rwz, lienh vamzsoz caeuq rengzyouqdingh hawj lwg, hawj lwg lai rox saw rox sa.

○ Yawj rongh guhcaemz. Lwg seng ndaej song aen singgeiz liux, bohmeh hab caeuq lwg guh caemz yawj rongh. Guh caemz ne, bohmeh yaek aeu baengznding goeb gyaeuj dienhdoengz hwnjdaeuj gonq, liux cix hai feizfax, coq aen dienhdoengz rongh de youq giz liz lwgda lwg 30 cm gyae de, liux cix dajvang ciuq roxnaeuz dajraeh ciuq geij mbat, ciuq ne deng guh numq, gaej ciuq riuz lai. Hauhneix guh caemz ne, gek ngoenz guh baez, gaej guh deih lai, baez guh saek song faencung cix baenz gvaq, bohmeh yaek roxgeiq bw, gaej luenh aeu dienhdoengz mbouj goeb gyaeuj de daeuj ciuq lwgda lwg.

○ Yawj laep guhcaemz. Lwg ndaej song aen singgeiz liux, bohmeh hab caeuq lwg guh caemz yawj laep. Guh caemz ne, bohmeh yaek aeu mbaw sa gvangq lumj sa ceksaw hauhde daeb baenz song bae, liux cix mai naj guh ndaem, ce naj guh hau. Caxnaeuz lwg youq ndei ne, bohmeh cix riuj mbaw sa de coq youq giz liz lwgda lwg 30 cm de hawj lwg yawj, yawj gwnz naj ndaem naj hau mbaw sa de miz mbouj miz fouq lwgda baenqlulu duh lwg.

○ Caeuq lwg gangj hauq. Lwg lij youq ndaw dungx meh, bohmeh cix hab caeuq lwg gangj hauq lw. Lwg doekfag liux, baez ninz hwnq, meh yaek hozunq sing' unq naeuz lwg, lumjnaeuz naeuz "nding a, saihoz meh nw, meh gyaez nding raixcaix nw" v.v.. Meh damzraih hawj lwg nyi goj ndaej, roxnaeuz ciengq mbangj fwennyez hawj lwg nyi goj ndaej.

Bohmeh gojlij yaek nen bw, aenvih lwg ngamq ndaej ndwen ndwi, vamznyinh caeuq ndangnoh lij unq, hauhneix caeuq lwg guh caemz, gaej haenq lai bw, deng lai re nw.

12. Guhlawz Caeuq Lwg Song Ndwen De Doxvaij

Lwg maj riuz lai go, lwg ndaej 60 ngoenz liux, cix rox ninzboemz lw, gyaeuj lwg iet hwnjdaeuj ne ndaej guh 30 miux yienghneix; lwgda ne, ndaej yawj seuq doxgaiq lw, ndaej baenq yawj gij doxgaiq ning lw, caemh rox cim gaiqcaemz roxnaeuz naj vunz lw; bednaj ne, caemh ngoenz lai gvaq ngoenz, laenghnaeuz doj lwg ne, lwg

Hawj lwg ndaej lienh yawj gij doxgaiq ning lwg yawj ndaej raen de.

cix angqyoekyoek, dinfwngz cix vadyegyeg, roxnaeuz riugekgek, roxnaeuz heuhnyinyi; ndaej nyi sing meh roxnaeuz sing vunz nemcaw ne, lwg cix daej byaeg; ndaej guh hawj vunz rox angq rox mbouj angq gvaq, mbouj angq ne cix daejnganga; rox cup lwgfwngz gvaq.

Baihlaj neix ne, dou cix son gyoengq boux bohmeh guhlawz caeuq lwg song ndwen de doxvaij, muengh ndaej coengh beixnuengx daengxlai dawz lwg ndeindei.

○ Aeu di gaiqcaemz habhoz de hawj lwg caemz, venj youq gwnz mbonq hawj lwg caemz. Lumjnaeuz bae aeu aen makrumz hix mbwk hix angj ndeu, venj youq giz sang liz mbonq lwg ca mbouj lai 8 cm de hawj lwg guhcaemz. Meh buenx lwg ne, dingz dek makrumz, dingz hoihhoih naeuz lwg: "Gvai a, yawj vei, makrumz laux bw!" roxnaeuz "Niq a, makrumz youq gizlawz ne?" Guh hauhneix doj lwg, hawj lwg ciengh makrumz, hawj lwg ndaej lienh gij doxgaiq ning lwg yawj ndaej raen de.

Daemxcih raeuz aeu nen bw, gaej dinghdingh coq gaiqcaemz youq giz ndeu nanz lai, lau lwg yawj nanz lai ne baenz da ngengq roxnaeuz da le; gaej venj gaiq naek caeuq gaiq miz cih soem de youq mbwn mbonq, lau doek roengzdaeuj sieng lwg; nanz mbouj nanz cix vuenh gaiq moq hawj lwg caemz.

○ Hawj lwg caemz gaiqcaemz fwngz gaem de, liux ndei aeu gaiq ngauz liux rox yiengj de hawj lwg caemz, youq giz liz lwgda lwg 30 cm de, hoihhoih nyoeg gaiqcaemz de coh baihswix, liux hoihhoih gyaed gvaq baihgvaz daeuj. Hawj lwg ndaej cienq gyaeuj baenz 180 doh, hawj da lwg、rwz lwg caeuq ndang lwg ndaej guh doxhaeuj. Caj lwg rox ngengq gyaeuj coh baihswix baenz 90 doh le, youh ngengq gyaeuj coh baihgvaz baenz 90 doh dem ne, bohmeh cix mbouj hoj caeuq lwg daengjneix guh caemz roengzbae lw.

○ Yawj naj guhcaemz. Bohmeh nanz mbouj nanz cix boemz roengzdaeuj riunyumjnyumj hawj lwg, hawj lwg cim naj bohmeh. Liux, meh cix cienq naj gvaq henz bae, sing niq heuh coh lwg, guh hauhneix daeuj lienh lwgda lwg ning ndij naj bohmeh.

○ Caxnaeuz cawzneix lwg gaem ndaej mbangj doxgaiq iq lw ne, bohmeh yaek haenh lwg riengzcawz, haenhyoeg lwg bae lienh fwngz lienh gaem.

13. Guhlawz Caeuq Lwg Sam Ndwen De Doxvaij

Lwg ndaej sam ndwen liux, cix rox enj gyaeuj sohsoh lwbw, lwg boemz youq gwnz mbonq rox gwnz namh ne caemh boemz ndaej net, genbongz lwg mbouj gag daeux gyaeuj ndaej, lij enj aek ndaej dem; hawj lwg yawj doz roxnaeuz gaiqcaemz ne, lwg cix angqyekyek, lwg cix hemquu, hemqawaw, roxnaeuz

Son lwg haeujrox faenhndang, yaek son lwg ra doxgaiq gonq.

hemqaeae, roxnaeuz hemqgyetgyet; bouxnajsug daeuj daeuq ne, lwg cix heuhoo, mbangjseiz lij riugakgak dem; lwg ngeix gaem doxgaiq, yienznaeuz gaem mbouj ndei, daemxcih lumjnaeuz byungjbingjva cungj doxgaiq mbaeu neix, lwg coj gaem ndaej.

○ Ciuq gingq guhcaemz. Meh umj lwg coq youq baihnaj gingq, dingz riunyumjnyumj hawj ngaeuz lwg ndaw gingq, dingz vix ngaeuz lwg naeuz: "Coix de dwg nding raeuz, boux neix dwg meh." Liux cix cing fwngz lwg bae lumh gingq. Hauhneix ciuq gingq guhcaemz ne, ndaej lienh lwg haeujrox doxgaiq, ndaej lienh lwg ngeix ra doxgaiq, lij ndaej lienh vamznyinh fwngz lwg. Daemxcih laenghnaeuz lwg yak youq ne, gaej dawz lwg daengjneix guhcaemz bw.

○ Lienh fanndang. Hawj lwg ninzdaekngaiz youq gwnz mbonq, liux meh cix gaem dawz diuz gen lwg roxnaeuz mbiengj laeng lwg, hoihhoih fonj lwg gvaq mbiengj wnq bae, hawj lwg ndaej ninzboemz. Gvaq yaep le, coengh lwg fonj gvaqdaeuj dem, hawj lwg ndaej ninzdingjai. Meh dingz coengh lwg lienh fanndang, dingz doj lwg naeuz "nding fanndang lo" , "fonj gvaqbae, fonj gvaqma" v.v.. Guh hauhneix ne, ndaej hawj lwg lienh rwz, caemh ndaej lienh saejcaw lwg. Daeuhvah meh yaek haeujcaw bw, coengh lwg fonjndang, yaek guh numq guh mbaeu; laenghnaeuz lwg guhning fat ndaej riuz ne, meh mbouj hoj coengh lwg lai, cuengq saek song yiengh gaiqcaemz youq henz ndang lwg, doj lwg gag lienh cix baenz gvaq; coengh lwg lienh fanndang ne, bohmeh roxnaeuz vunzranz yaek seizseiz naengh youq henz ndang dawz ndei. Laenghnaeuz lwg guh gaiq neix lij dwgrengz, hauhneix daengz ndwen moq cix menh guh.

O Lwg ndaej sam ndwen liux cix rox guh riu gvaq, lwg angq ne lij hemq yiyi yaya dem, cawzneix meh goj yaek han yiyi yaya hawj lwg, yaek caeuq lwg "doxgangj" , hawj lwg ndeicaw, hawj lwg vamzcaw fat ndei. Meh han lwg, gaiq guhgvenq ndei neix ne, meh yaek guh daengz lwg laux cix daengzsat, guh neix mbouj gag hawj meh lwg caw doxnem, lij ndaej lienh lwg aj bak gangj hauq dem.

14. Guhlawz Naenx Gen Naenx Ga Hawj Lwg

Lwg doekfag liux, bohmeh hab naenx noh hawj lwg, naenx noh ne mbouj gag ndaej doeng lwed ndang lwg, lij ndaej hawj lwg ndang soengsup dem. Naenx noh hawj lwg ne, yaek naenx gen ga gonq, aenvih soqmbwn caeuq diegyouq mbouj doxdoengz, mbouj ngamj naenx noh daengx ndang hawj lwg.

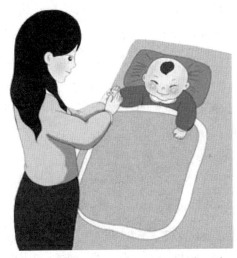

Naenx noh hawj gen ga lwg, yaek naenx fwngz lwg gonq.

○ Naenx fwngz lwg. Naenx noh hawj gen ga lwg, yaek naenx fwngz lwg gonq. Fwngz lwgnding ne, gyaez gaem baenz gaemxgienz, caxnaeuz bohmeh yaek naenx fwngz lwg ne, cix hoihhoih mbe fajfwngz lwg, aeu aen lwgfwngz ndanggaeuq bae rub gyangfwngz lwg. Caxnaeuz fajfwngz lwg iq lai ne, hauhneix cix mbe gaem mbe gaem, guh hauhneix daeuj coengh lwg ning fwngz lw.

○ Naenx gen lwg caeuq naenx ga lwg. Naenx gen caeuq naenx ga ceng mbouj geij lai, hauhneix dou gag lwnh naenx ga hawj gyoengq beixnuengx nyi. Bohmeh cuengq lwg youq gwnz mbonq gonq, liux aeu fwngz hoihhoih daj goekga swix lumh doxroengz daengz din bae, daengz laj le cix hoihhoih lumh doxhwnj daengz goekga bae; liux cix daj goekga hoihhoih naenx daengz din bae. Bohmeh aeu song faj fwngz daeuj guh goj ndaej, aeu fwngz

ndeu gaem dawz giujdin lwg, aeu fwngz ndeu daeuj dij goekga hoihhoih
naenx doxroengz goj ndaej. Naenx ga swix liux, cix daengjneix naenx ga
gvaz. Bohmeh naenx ga lwg ne, lwg aiq dik din, bohmeh gaej lau, lwg guh
neix dwg naeuz lwg gyaez naenx ga lai, naenx ga ndei youq lai, lwg dik din
ne caemh ndaej lienh ning dem, bohmeh gaej bae gaemh. Daemxcih, raeuz
yaek nen bw, naenx noh ne, gaej hawj hoz lwg yak youq lai. Lij yaek nen
dem, guh yaep liux cix baenq naj lwg coh mbiengj moq bae, gaej gag coq
youq mbiengj ndwi, lau guh neix nanz lai le vaih saenzging goekmaeuj uk
lwg go.

○ Naenx din lwg. Mbouj aeu lwgfwngzmeh, gag aeu seiq aen lwgfwngz
wnq bae naenx dabaeu lwg baenz hop baenz hop; liux aeu fwngz wnq daeuj
daeux giujdin lwg hwnjdaeuj, aeu lwgfwngzmeh faj daeux de daeuj naenx
oengjdin lwg; liux cix comz seiq aen lwgfwngz faj naenx dabaeu de youq
gyaeujdin, aeu lwgfwngzmeh daeuj daeuj naenx oengjdin, lwgfwngzmeh
ok rengz loq haenq di caemh ndaej, daemxcih lwgfwngz wnq gaej luenh ok
rengz nw; liux aeu seiq aen lwgfwngz wnq faj daeux haxbaenh de coq youq
oengjdin, daj giujdin rub coh lwgdin, lai ok didi rengz goj ndaej, daemxcih
deng rub net nw.

○ Rub daengz lwgdin ne, baezbaez cungj yaek doq rub doxroengz
daengz giujdin, baebae dauqdauq daengjneix coengh lwg rub din. Coengh
lwg rub ga rub din liux, bohmeh roxgeiq hawj lwg ninzdaekngaiz bw.

15. Guhlawz Naenx Ndang Hawj Lwg

Lwg loq laux liux, bohmeh yaek naenx ndang hawj lwg, deng naenx naj、naenx laeng、naengx dungx caeuq naenx gumq guh caez bae.

○ Naenx naj lwg. Bohmeh caeuq lwg naj doiq naj gonq, liux bohmeh aeu dungx lwgfwngz bae hoihoih rub najbyak lwg, liux cix rub ndaeng lwg, rub ndaeng liux cix rub seiq henz bak lwg, daengzlaeng cix rub gemj lwg caeuq seiq henz ndokhangz. Naenx naj hawj lwg, bohmeh deng re bw, gaej

Yaek yawjnaek fajfwngz, yaek dawzmaenh rengz naenx, hawj rengz ndaej bingzyaenz.

hawj youznaenxnoh sinz haeuj da lwg bae; yaek guh sat le, bohmeh cix lai rub najbyak geij mbat; guh sat liux, bohmeh lij roxgeiq cup naj lwg roxnaeuz umj lwg bw!

○ Naenx laeng lwg. Bohmeh coengh lwg naenx laeng, yaek bu gyaeuj lwg gonq, liux haj aen lwgfwngz guhndeu gut roengzdaeuj baenz gaem, youq mbaq lwg caeuq laeng lwg rub baebae dauqdauq, dawzmaenh rengz. Laenghnaeuz coengh lwgnding naenx ne, bohmeh ne cix aeu song faj fwngz guhdoih daj laenghoz lwg rub daengz gumq lwg bae, lai guh geij mbat cix baenz gvaq. Coengh lwg naenx laeng ne, bohmeh yaek coq song aen lwgfwngzmeh youq song mbiengj ndoklungz, gij lwgfwngz wnq song faj fwngz de ne cungj yaek gut roengzdaeuj baenz gaem, liux naenx maenh song mbiengj ndang lwg, hawj lwgfwngzmeh dawz gij lwgfwngz wnq rub hwnj rub roengz geij mbat, rub ne deng re ndoklungz bw, gaej okrengz bae naenx ndoklungz.

○ Naenx dungx lwg. Caj saejndw lwg loenq liux, bohmeh cix hab coengh lwg naenx dungx lw. Bohmeh aeu gyaeuj lwgfwngz roxnaeuz oengjfwngz, riengz baih cim baenq cingq de (couh dwg baih saej nod) hoihhoih rub dungx lwg, roxgeiq cuengq song faj fwngz bingz bae, caemh yaek riunyumjnyumj yawj naj lwg dem. Naenx daengz saejndw lwg le, song faj fwngz cix doxgeuh, aeu dungx lwgfwngz naenx seiqhenz saejndw baenzhop.

Coengh lwg naenx dungx ne, yaek haeujrox dungx lwg ndei mbouj ndei youq; naenx ne deng hoihhoih naenx, gaej luenh naenx rongznyouh; gaej naenx haeujgyawj saejndw lai, lau lwg yak youq.

○ Naenx gumq lwg. Naenx gumq lwg ne, gaej naenx giz naeng nengz naeng naeuh de, gaej naenx conghgyoenj lwg. Naenx ne, cix yaek hoih naenx、 hoih bengq、 hoih cuengq, guh hauhneix bae naenx nohcing gumq lwg, guh gaiq neix ne, bohmeh gag aeu haj aen lwgfwngz ndwi go.

Yungh youznaenxnoh bohmeh yaek haeujcaw: Gag yungh youz bingzciengz ndwi, mbouj guh daegbied ne, gaej luenh yungh youz cing; lwg ndaej bet ndwen liux, hauhneix cix yaet caek youz cing lai unq de haeuj 20 ml youz bingzciengz bae doxgyaux hawj lwg yungh; lwg hop bi liux, cix aeu sam caek youz cing daeuj gyaux 30 ml youz bingzciengz hawj lwg yungh; lwg caengz rim sam seiq bi ne, bohmeh gaej luenh mai youz hwnj naj lwg bae.

16. Guhlawz Caeuq Lwg Seiq Ndwen De Doxvaij

Lwg ndaej seiq ndwen liux, gyaeuj lwg cix daengj soh lw, caemh rox bi gyaeuj lw; lwg boemz ne, ndang cix bi coh song henz, lwg ne caemh rox daj mbiengj roux daengz mbiengj wnq bae, miz mbangj lwg lij rox fanndang dem; fwngz ne, lumh dawz gijmaz, cix rox gaem gijmaz lw; rox riugekgek gvaq, riu guh naj hawj vunz rox angq rox mbwq gvaq.

Lwg guhcaemz, bohmeh yaek rouz lwg ndei.

Caeuq ndwengonq doxbeij, daengz ndwen daihseiq le, raemxrengz lwg hag doxgaiq caeuq citcaw lwg cungj fat guhcaen dahraix, hauhneix bohmeh caeuq lwg doxvaij, hab lai angq di, lumjnaeuz saet mbat ndeu a、 doxdek lwgfwngz a, gaem gaen a, damzraih a, yienghneix doj lwg, lwg cix ndeimaez.

○ Saet mbat ndeu. Bohmeh gaem dawz song mbiengj lajeiq lwg, liux ne cix hawj lwg ndwn youq gwnz mbonq roxnaeuz gabi bohmeh, ndwn ndei le, bohmeh cix dingz naeuz "nding oi, saet lo", dingz yaeuj lwg saet mbat ndeu. Guh hauhneix hawj lwg angqyangz, daemxcih bohmeh deng yaeuj lwg ndei bw, gaej hawj lwg doek bw.

○ Doxdek lwgfwngz. Hawj lwg ing youq ndaw rungj bohmeh, bohmeh song fwngz gaem dawz song fwngz lwg, son lwg aeu song aen lwgfwngzyinx daeuj doxdek, dingz guh dingz naeuz "dek lwgfwngz" , baebae mama lai guh geij mbat, hawj lwg guhcaemz yinx bae. Aeu lwgfwngz wnq daeuj doxdek guhcaemz goj ndaej.

○ Gaem gaen. Hawj lwg ninzdingjai youq gwnz mbonq, liux meh aeu mbaw gaen iq daeuj goemq naj lwg. Ngamq guhcaemz mbatndeuj ne, lwg deng goemq lwgda hwnjdaeuj liux cix luenh ndengj luenh dik luenh daej. Hauhneix, bohmeh cix gaem dawz fwngz lwg, coengh lwg dawz gaen deuz, lij naeuz dem: "Ne, gaen dawz deuz gvaq!" Baebae mama lai guh geij mbat dem, daengzlaeng lwg cix gag rox vad gaen deuz lw.

○ Damzraih. Meh lox lwg ninz, dingz dek lwg dingz damzraih hawj lwg nyi. Lumjnaeuz damz "nding naiq lw/meh bi awq/nding caemz mbwq/cix ninz nawq" hawj lwg nyi, meh rox guh fwen ne, guh fwen lox ninz hawj lwg goj ndaej.

○ Doj lwg riu. Lwg riu ne, ndang maj lai ndei, caw hix maj lai ndei. Hauhneix meh cix umj lwg haeuj rungj bae, dingz damzraih, dingz iet lwg fwngz doj lwg riu, daemxcih gaej dek naj lwg bw.

○ Yawj nyezdoih guhcaemz. Hawj lwg yawj nyezdoih guhcaemz, bohmeh cix lwnh lwg gyoengq nyezdoih guh gijmaz youq, lumjnaeuz naeuz: "Ne, beixsau diuq cag bw."

17. Guhlawz Caeuq Lwg Haj Ndwen De Doxvaij

Bohmeh yaek hawj lwg ra goeksing、yawj doxgaiq baihgyae、guh yahndoj、hag lwgduz guuhcaemz, guh hauhneix caeuq lwg doxvaij, guh hauhneix lienh vamznyinh lwg, hawj ndang lwg ning lai net, ok sing lai menh.

○ Ra goeksing. Youq senz giz ndaw ranz guh sing ndaeng, caemh cam lwg naeuz: "Niq a, gizlawz ndaeng le?" Laenghnaeuz lwg mbouj ngah

Lienh rwz lwg, hawj lwg rwz raeh, hawj lwg ndaej nyi sing liux rox gag ra goeksing.

leix ne, bohmeh deng guh baez moq dem, guh daengz lwg cim giz ok sing de daengzsat. Bohmeh ok sing ne, yaek roxgeiq daj hoih naihnaih guh daengz ndaeng, daj gyawj naihnaih guh bae gyae, yaek lai vuenh geij giz daeuj guh, hawj lwg lai maez daengjneix guhcaemz.

Son lwg nyinh gij doxgaiq baihgyae, lumjnaeuz vunz、ci、fwj、yiuhrumz、ronghndwen ngamq hwnj caeuq daengngoenz doek congh. Aenvih banneix da lwg yawj ndaej lai seuq gvaq, yawj ndaej raen doxgaiq baihgyae gvaq, hauhneix bohmeh yaek lienh lwgda hawj lwg riengzcawz nw.

○ Guh yahndoj. Hawj lwg ninz roengzdaeuj, caemh yawj naj meh dem, liux cix aeu gaen goemq naj meh hwnjdaeuj, cix cam lwg: "Meh youq gizlawz ne?" Lai guh geij mbat, liux cix dawz gaen bae goemq naj lwg, ngamq goemq roengzbae cix myangz dawz deuz, baebae dauqdauq guh mbat doj lwg riu. Lij miz dem ne, meh ndoj haeuj baihlaeng doxgaiq bae goj ndaej, ndoj hwnjdaeuj liux cix iet gyaeuj okdaeuj naeuz lwg: "Nding a, meh youq gizneix nw."

　O Hag ma ningq. Gyaemj lwg boemz roengzdaeuj, hawj lwg aeu song faj fwngz caeuq song aen gyaeujhoq daeux daengx ndang, doj lwg ngiengx gyaeuj hwnjdaeuj baenz 90 doh. Liux ne, doq heuh "ma daeuj lw, ma daeuj lw", doq nyoeg gungqhoq lwg haeuj laj dungx bae, liux cix rag okdaeuj. Ga neix guh liux, cix guh ga de, song diuz ga guh doxlumj caez. Roxnaeuz hawj lwg boemz youq gwnz mbonq laux, youq baihnaj gyaeuj lwg cuengq saek geij yiengh gaiqcaemz, yok lwg iet fwngz bae gaem, daeuq lwg aeu gen bae daeux ndang, hag raih. Bohmeh yaek roxgeiq, hag ma ningq guhcaemz gaej guh haenq lai, deng hoihhoih guh, gaej yung lai. Laenghnaeuz lwg daengjneix guhcaemz lij gwnrengz ne, hauhneix daengzlaeng cix menh guh.

　Cawzneix, hawj lwg gag guhcaemz goj ndaej. Aeu moeg "humx" lwg hwnjdaeuj, roxnaeuz cuengq lwg haeuj ndaw mbonq seiq henz miz gamx de bae. Youq baihnaj lwg cuengq lailai gaiqcaemz, hawj lwg caemz doh bae. Roxnaeuz, bohmeh byaij gvaq henz lwg bae, coengh lwg loengh gaiqcaemz ok sing, liux cuengq gaiqcaemz de bae giz wnq, doj lwg vuenh yienghsiengq moq bae gaem gaiqcaemz guhcaemz.

18. Guhlawz Caeuq Lwg Roek Ndwen De Doxvaij

Lwg ndaej roek ndwen liux, bohmeh deng leh gaiqndinj habhoz hawj lwg, yaek leh gaiq ndeimaez, gaiq yok uk hawj lwg, mbouj hoj leh gaiq yienghsiengq nyungqsun de hawj lwg, gaiqndinj ne, gaiq ngaih aiq lai gvai gvaq gaiq nyungq nw; cawx gaiqndinj habhoz cix baenz, mbouj dwg gangj gyaed

Ndinj gaiqndinj ndaej hawj lwg hag rox dinfwngz moq.

bengz gyacd ndei; baez ndeu mbouj hoj cawx lai, laenghnaeuz cawx lai, lwg aiq gauz lai, aiq youq mbouj dingh; yaek cawx gaiq naih ndinj de hawj lwg, laenghnaeuz dek ne, vaih ne, ndaej dawz bae coih, dawz bae vuenh.

Lwg ndaej roek ndwen liux, bohmeh hab caeuq lwg ra faexdaeb guhcaemz, roxnaeuz sik sa、heuh coh、ngaek gyaeuj guhcaemz, guh hauhneix ndaej lienh nohcing, ndaej hawj lwg lai hag rox doxgaiq moq, hawj lwg lai roxnyinh hauqgangj. Daemxcih guhcaemz bohmeh yaek re lwg luenh ndwnj doxgaiq bw.

○ Ra faexdaeb.

Bohmeh naengh youq baihnaj congz, hawj lwg naengh youq gwnz ga bohmeh, liux meh vit gaiq faexdaeb hwnj gwnz congz bae, hawj lwg cienq gyaeuj bae cim, liux meh cix aeu cenj daeuj goeb faexdaeb hwnjdaeuj, liux daegdeih hawj fwngz gvaz haeujgyawj congz. Caxnaeuz lwg dawz cenj deuz ne, baez guhcaemz neix cix liux lw.

○ Sik sa

Lwg ndaej roek ndwen liux cix gyaez ndinj gij doxgaiq ceij, hauhneix bohmeh yaek aeu di sa seuq hawj lwg sik guhcaemz, bohmeh hab aeu mbaw mbang caeuq mbaw iq hawj lwg ndinj gonq, daengzlaeng menh aeu mbaw na caeuq mbaw laux hawj lwg caemz. Lwg ndinj geij mbat liux, bohmeh cix sik sa baenz samgak﹑ baenz nduen roxnaeuz baenz seiqgak bae, coq youq baihnaj lwg hawj lwg yawj.

○ Heuh coh lwg.

Heuh coh lwg caeuq coh fwx guh sing doxlumj, laenghnaeuz lwg cienq naj gvaqdaeuj riunyumjnyumj ne, gangjnaeuz lwg roxnyinh gvaq. Hauhneix bohmeh cix naeuz: "W! Deng lw! Nding ne coh guh XX" , roxnaeuz "Niq gvai lai lw" hawj lwg, lij yaek umj lwg, naj dep naj lwg hawj lwg ndeimaez. Caxnaeuz bohmeh heuh lwg, lwg mbouj ngah leix ne, bohmeh deng naihhoz lai heuh geij gau, yaek lwnh lwg: "Nding a, nding coh guh XX bw. Roxgeiq lw bw." Daemxcih laenghnaeuz lwg yak youq ne, gaej daengjneix guhcaemz.

○ Ngaek gyaeuj.

Hawj lwg da cim naj bohmeh, liux bohmeh cix naeuz "Nding a, yawj meh (boh) vei" , naeuz liux cix ngaek gyaeuj ngoek ngoek, ngonz lwg ngaek mbouj ngaek gyaeuj riengzlaeng. Laenghnaeuz lwg caemh guh lumj didi ne, hauhneix cix gangjnaeuz lwg rw bohmeh, bohmeh ne, cix ngaek lai riuz di, yawj lwg guh mbouj ndaej hau. Bohmeh yaek nen bw, banneix lwg ngamq rox guh lumj didi ndwi, guh mbouj lumj liux go. Aeu giz wnq gwnz ndang daeuj lienh ne, deng naihnaih guh roengzbae caengq ndaej.

19. Lwg Haj Roek Ndwen De Dinfwngz Baenz Yiengh Lawz

Lwg ndaej haj roek ndwen liux, lwg cix naihnaih gvenq gvaq ngoenz gwnz biengz gvaq, cawzneix lwg gyaez haeujrox doxgaiq daengx biengz raixcaix, gyaez hag doxgaiq moq raixcaix, gij cithoen ndeigyaez、gyaezning lwg caemh ngoenz daraen gvaq ngoenz, dinfwngz lwg caemh ngoenz raeh gvaq ngoenz.

Lwg haj roek ndwen de raen bouxnajmoq cix najnomj.

Lwg ndaej haj ndwen liux, cix bi gyaeuj ndaej lw, caih gyaeuj bi gvaq swix, bi gvaq gvaz cungj ndaej caez, nohcing ne maj maqhuz baenz gvaq; lwg boemz roengzdaeuj ne, gen daeux ndang gwnz ndaej, caemh rox ngiengx gyaeuj yawj baihnaj; bohmeh umj lwg hwnjdaeuj ne, hawj ga lwg ndwn youq gwnz namh, ndang lwg cix ndaej daengj soh, lwg caemh rox gag fonj ndang lw, daj boemz fonj baenz ninzdingjai. Lwg haj ndwen de, fwngz loq miz rengz lw, rox aeu fwngz bae gaem gij doxgaiq lwg haengj aeu de lw, caemhcaiq rox daj fwngz neix vuenh hawj fwngz de dem; bohmeh yaeuj lajeiq lwg, hawj lwg soengz youq gwnz ga bohmeh ne, lwg gag rox saetyikyik lwbw.

Lwg haj ndwen de, vamznyinh fat bae naj gvaq, cawzneix lwg rox bouxlawz dwg meh bouxlawz dwg boh, miz vunz umj lwg ne, lwg rox guh naj hawj vunz rox angq rox nyap, nyienh rox mbwq. Cawzneix bednaj lwg lai gvaq doenghbaez lw, ndaej lwnh vunz lwg gyaez gijmaz, lwg caengz gijmaz seuqseuq, mbouj angq ne lwg cix ndengj, lwg cix daej, angq ne lwg riu riugekgek. Cawzneix miz gaiq liux youqgaenj ndeu dwg lwg haeujrox mbangj ndanggaeuq lw, lumjnaeuz lwg yawj raen aen ngaeuz faenhndang ndaw gingq liux cix riu.

Daemxcih lwg ngamq ndaej haj ndwen ndwi, seiz mbouj nanz, lwg lij iq lai, hauhneix lwg gag naengh mbouj ndaej, yienznaeuz lwg rox gaem doxgaiq gvaq, daemxcih mbouj rox doq cuengq roengzdaeuj nauq.

Caj lwg ndaej roek ndwen liux, lwg cix rox fanndang lw, lwg ninz ndaek ne gag rox vuenh yiengh ninz, fwngz ne, banneix gyaez ning lai gvaq doenghbaez, gaem doxgaiq ne cix gaem dawz cingqcingq, rox gag ngauz doxgaiq, rox gag naengh net; gyaeuj ne, daengj ndei ndaej gvaq, baihgvaz baihswix, caih bi gvaq baihlawz cungj ndaej lw; lwg boemz ne, ndang rox bi hawj song henz, caemh rox daj mbiengj boek daengz mbiengj wnq dem. Cawzneix lwg ne riugakgak ndaej gvaq, caemh rox aeu naj daeuj lwnh vunz lajndang angq rox mbouj angq seuqsat gvaq; lwg ne, laenghnaeuz raen bouxnajmoq ne, lwg cix lau, lwg cix najnomj, mbangjseiz lij daej dem, mboujgvaq ne miz mbangj lwg yawj raen bouxnajseng mbouj saetlaex nauq.

20. Umj Lwg Hwnjdaeuj Bi Ndang Lienh Ndang

Lwg lij iq ne, bohmeh umj lwg hwnjdaeuj bi ndang lwg coengh lwg lienh ndang liux ndei. Umj lwg hwnjdaeuj bi ndang ne miz song yiengh, couh dwg dajvang umj aeu caeuq dajraeh umj aeu.

Dajvang aeu couh dwg bohmeh dajvang umj lwg hwnjdaeuj bi ndang lwg coengh lwg lienh ndang. Dajvang aeu ne,

Lwg 0 daengz 4 ndwen de, bohmeh hab umj lwg hwnjdaeuj bi ndang lienh ndang.

bohmeh ndwn gonq roxnaeuz roengzhoq gonq, liux aeu cix fwngz swix daeux giz hoz mbaq lwg, aeu fwngz gvaz dak caekhaex lwg, daeux ndei dak ndei le cix dajvang bi ndang lwg. Bi lwg ne, bohmeh deng yawj lwg gvenq roxnaeuz mbouj gvenq bae guh riuz roxnaeuz guh numq, itbuen gangj ne, laenghnaeuz song faj fwngz bohmeh doxliz gyae ne, lwg cix gag enj aek, laenghnaeuz lwg mbouj enj aek ne, bohmeh cix dawz song faj mwngz lajndang haeujgyawj di.

Lwg 0 daengz 4 ndwen de (ngoenznduj doekfag cix guh ndaej lw), bohmeh hab guh hawj lwg, guh lienh ndang neix ne ndaej lienh nohcing saen ndoksamgakdingjbyonj caeuq nohcing laeng lwg, hawj lwg ndang soh. Caemh ndaej lienh honghnaj uk, hawj lwg ndaej gaem dawz ndang lajndang lai net lai onj dem.

Dajvang aeu ne, bohmeh cix aeu fwngz swix daeuj daeux laeng lwg、 mbaq lwg、hoz lwg, lwgfwngzyinx caeuq lwgfwngzgyang doxmbe, bae dak giz laj gyaeuj lwg, aeu fwngz gvaz bae dak gumq lwg, aeu lwgfwngz bae daeux hwet lwg, hawj lwg ndaej daengj ndang sohsoh; fwngz gvaz bohmeh cuengq youq baihgyaeng song ga lwg, fwngz swix dak lwg hwnjdaeuj hawj lwg daj ninz vang bienq baenz ninz ngengq 45 doh, laenghnaeuz mbouj bienq ne, seizlawz gaij soqdoh goj ndaej, aeu hwet daeuj baenq hawj gen caemh baenq, hawj lwg naihnaih gvenq liux caengq guh haenq di. Bohmeh dajraeh umj lwg daeuj guh caemh ndaej, guh ne cix lumj yienghneix: bohmeh ne, dajraeh umj lwg liux, song ga cix ga aj coh baihnaj, ga aj coh baihlaeng, ndwn net bae, hwet ne cix ning baihnaj ning baihlaeng, guh hauhneix hawj gen caemh ning dem, hawj lwg bi ndang ndaej dajraeh aeu.

Bi ndang ne hab guh hawj lwg 0 daengz 4 ndwen de, guh yienghneix ndaej hawj lwg guhning lai singj, hawj lwg naihnaih haeujrox gizyouq ndang caeuq haeujrox vamznyinh guhning, caemh ndaej hawj lienh nohcing lwgda, hawj lwgda lai gyaez cimra gij doxgaiq moq gwnz biengz raeuz.

Lwg ninz hwnq le, lij ndaej hawj lwg renz boemz. Hawj lwg boemz youq gwnz mbonq maqhuz ndongj de, liux ne cix gut song gencueg lwg youq naj aek lwg, hawj song gencueg ndaej daeux ndang lwg. Bohmeh ne cix ywn youq baihnaj lwg naeuz lwg sing vannoknok, lij bi gij gaiqndinj hix ngamz hix ndaeng de daeuj yok lwg ngiengx gyaeuj hwnjdaeuj. Guh baeznduj ne, 30 faencung cix ngamj lw, daengzlaeng menh guh nanz di de, ngoenz guh baez cix baenz gvaq, daemxcih guh ne gaejlaeg hawj lwg dwgrengz bw. Hawj lwg renz boemz ne, ndaej hawj lwg lienh ngiengx gyaeuj, lienh nohcing hoz, lienh nohcing laeng aek, caemh ndaej hawj lwg lienh bwt, hawj bwt supheiq lai rengz, hawj lwed lae ndaw lai doeng, hawj lwg re bingh hozgyongx lai ak, hawj lwg lai gyaez cimra doxgaiq dem.

21. Lienh Rwz Hawj Lwg

Rwz nyi sing ndaej, hauhneix lwg caengq rox baen sing, caengq rox aj bak gangj hauq, caengq rox saw rox sa, hauhneix bohmeh deng okrengz lienh rwz hawj lwg caengq baenz bw.

Lwg lij youq ndaw dungx ne, haehdoengj vamznyi lwg cix senq maj di gvaq, caj lwg doekfag liux, lwg cix rox aeu gij raemxrom lai bi rom ndaej

Coq habsingsoz youq aen gox ndeu, liux hawj lwg gag bae ra.

de daeuj haeujrox aen biengz miz sing manghmunz lai bienq raeuz. Lwg caux seng ndaej geij faencung cix rox nyi lw; seng ndaej song sam ngoenz yienghneix cix rox nyi gak cungj sing mbouj doxdoengz de lw; ndaej haj ngoenz le cix rox nyi sing ndaeng youq gizlawz, caemhcaiq rox dinghdingh gajnyi dem, couh dwg gangj ne, lwg ndaej nyi sing liux cix mbouj ngah guh gaiq wnq lw. Lwg ndaej roek ndwen daengz hop bi liux, vamznyi cix fat riuz lai, hauhneix bohmeh hab lai aeu sing daeuj lienh lwg, roxnaeuz lai gangj hauq daeuj lienh lwg, aenvih cawzneix lwg ndaej lienh rwz ne, gij sing lienh de yaek naihnaih rom youq ndaw uk lwg, daengzlaeng gij vamznen neix cix yaengyaeng bienq baenz gij raemxrengz lwg gangj hauq roxnaeuz gij raemxrengz lwg oksing.

Lwg lij youq ndaw dungx, bohmeh hab langh mbangj singsoz hawj lwg nyi lw, caj lwg doekfag liux, bohmeh hab aeu mbangj gaiqndinj rox ndaeng de daeuj doj lwg. Guh yienghneix lienh ndei ne, ndaej hawj lwg rwz lai raeh, guh saeh lai dingh.

Bohmeh ne hab ciengzmbat hoihhoih caeuq lwg doxgangj, roxnaeuz hoihhoih ciengq fwen, hoihhoih damzraih hawj lwg nyi. Raenvah lwg mbouj rox bohmeh gangj gijmaz ciengq gijmaz, daeuhvah bohmeh guh yienghneix ndaej hawj lwg lai lienh rwz, lai lienh bak, caemhcaiq ndaej hawj boh lwg meh lwg lai doxnem dem.

Bohmeh lij ndaej guh "dop fwngz" hawj lwg yawj dem, hawj lwg yog bohmeh, roxnaeuz dop fwngz bapbap, liux laegfwngh daengx roengzdaeuj, yawj lwg guhlawz guh.

Daj iq cix hawj lwg nyi gij sing habsingsoz, hawj lwg sug habsingsoz, caj lwg ndaej bet ndwen rox gag raih liux, cix yo habsingsoz hwnjdaeuj, hawj lwg gag bae ra, sing caengz daengx ne, yawj lwg ndaej mbouj ndaej ra raen aen hab de. Bohmeh guh hauhneix ne, ndaej lienh rwz lwg, hawj lwg dingz guhcaemz dingz lienh nyi sing, mbouj gag hawj lwg gyaez hag doxgaiq moq, caemh hawj boh lwg meh lwg lai doxhaeuj dem.

Daeuhvah, bohmeh muengh lwg rwz lai raeh ne, coj deng re rwz, gaej luenh sieng rwz. Hauhneix, bouxdawz coengh lwg swiq ndang ne, gaej luenh hawj raemx haeuj rwz lwg bae, lau lwg baenz binghyiemz rwzgyang, caemhcaiq mbouj ndaej hawj lwg luenh yaek rwz dem, lau nengzbingh haeuj rwz bae.

22. Guhlawz Caeuq Lwg Caet Ndwen De Doxvaij

Lwg ndaej caet ndwen liux, ceng mbouj lai rox gag naengh lw; ndaej naengh youq gwnz daengq roxnaeuz naengh youq gwnz ndang lwg gwn haeux; ndaej aeu song fwngz gaem doxgaiq, caemh ndaej aeu song fwngz gaem doxgaiq daeuj doxdaem dem; gyaez oet gaiqcaemz haeuj bak bae, caemh gyaez cup lwgfwngz dem, haeb lwgdin dem; ndaej rw vunz guh mbangj guhning ngaih.

Lwg ndaej caet ndwen liux, bohmeh hab lienh raih hawj lwg.

Haehdoengj saenzging lwg maj ndaej lai baenz gvaq, cawzneix lwg rox gag ra goeksing lw, rox baebae mama naeuz mbangj hohsing, mbangj lwg caemh rox nyi "boh"、"meh"、"mbouj miz"、"lazgonq (raen moq)" dwg naeuz gijmaz. Cawzneix lwg caemh rox re bouxnajmoq gvaq, laenghnaeuz bae baihrog ne, lwg cix lai najmong. Mbangj lwg maj riuz de ne, daengz 7 ndwen le cix rox aeu dungx daeuj nem mbonq gag raih lw, rox aeu gen daeuj daeux ndang gag baenq roxnaeuz nod dauqlaeng lw.

Laenghnaeuz lwg guh yienghneix ne, bohmeh cix mbouj hoj gag doj lwg guhlumj doenghbaez la, bohmeh ne, hab caeuq lwg guhdoih guhcaemz dem.

○ Coengh lwg lienh raih. Hawj lwg boemz youq gwnz mbonq, aeu gen daeuj daeux ndang, bohmeh ne aeu fwngz bae oengj song faj din lw, hawj lwg ndaej meh coengh okrengz liux ndaej raih bae nak. Ngoenz guh geij mbat cix baenz gvaq, laenghnaeuz naih guh roengzbae ne, mbouj nanz lwg cix rox raih lw. Daemxcih bohmeh yaek nen bw, aeu fwngz bae gaem din lwg, gaej guh haenq lai; caj lwg rox raih le, bohmeh gaej luenh cuengq doxgaiq dwglau de youq ndaw ranz, yaek conz ndei bae, lau lwg dwg sieng.

○ Caemz raemx, dingzlai lwg cungj gyaez caemz raemx bw. Caemz raemx ne, ndaej hawj lwg roxnyinh lae dwg yienghlawz, fouz dwg yienghlawz, hawj lwg uk lai lingz. Hauhneix, daengz fawhndat le, bohmeh swiq ndang hawj lwg, cix cuengq di fabingz unq、 gaiqcaemz gyau、 makrumz ieng haeuj ndaw bat bae hawj lwg caemz, lwg dingz ap raemx dingz guhcaemz, cix angqyangzyangz lw.

○ Gip lwgduh. Cuengq mbangj duhnaz seuq youq baihnaj lwg, hawj lwg iet fwngz bae gaem. Caxnaeuz lwg mbouj rox gaem ne, bohmeh cix son lwg gaem, guh yienghneix ndaej hawjlwg lienh lwgfwngzmeh caeuq lwgfwngzyinx doxnep lai raeh, caemh ndaej lienh lwgda caeuq fwngz doxhaeuj dem. Daemxcih guhcaemz ne, bohmeh roxnaeuz bouxlaux wnq deng youq henz dawz ndei bw, gaej hawj luenh oet lwgduh hawj bak bae.

○ Gwih max. Hawj lwg gwih youq gwnz gyaeujhoq bohmeh, dingz saenz song ga bohmeh dedded, dingz naeuz: "Gwih max lo, gya gya gya, gwih max bae reih caemh bae naz, haeuxyangz angqyangz ndaej raen naj, lwgduh faengz lai cix hai va······"

23. Guhlawz Caeuq Lwg Bet Ndwen De Doxvaij

○ Coengh lwg lienh ndwn. Hawj lwg gaem dawz lwgfwngmeh bohmeh, meh ne cix hoihhoih rag lwg hawj lwg baenz naengh, liux cix rag lwg hoihhoih ndwn hwnjdaeuj. Ngoenz guh geij gau, hawj lwg ndaej lienh mbaq, lienh aek. Caj lwg ndaej baenz ndwn le, bohmeh cix venj mbangj gaiqcaemz youq bangx mbonq,

Caeuq lwg guhdoih caemz makrumz, hawj lwg ndaej lienh raih.

yok lwg byaij gvaqdaeuj gaem gaiqcaemz, daemxcih bohmeh deng ndwn youq henz coengh lwg dawz lwg bw. Lij miz dem, hawj lwg ndwn youq gwnz mbonq goj ndaej, ndwn ndei liux, bohmeh youq baihhenz roxnaeuz youq baihnaj cix hoihhoih oengj lwg, hawj lwg ndwn mbouj net, liux menh aeu faj fwngz wnq bae gangz lwg, re lwg laemx. Guh cix guh bw, daemxcih gaej hawj lwg ndwn nanz lai.

○ Caeuq lwg guhdoih caemz makrumz, hawj lwg ndaej lienh raih, ndaej ning gak giz nohcing daengx ndang. Bohmeh ne, aeu makrumz daeuj cuengq youq gwnz mbonq, liux cix daj gyaeuj neix ringx bae gyaeuj wnq, roxnaeuz aeu duz bit gaiqcaemz daeuj daj gyaeuj neix rag daengz gyaeuj wnq bae, guh hauhneix yok lwg raih gvaqbae umj makrumz roxnaeuz umj duzbit, hawj lwg dop makrumz guhcaemz, daemxcih bohmeh roxgeiq gaej hawj lwg haeujgyawj henzmbonq lai bw, lau lwg doek roengz mbonq daeuj.

○ Daem gyaeuj. Bohmeh yaeuj lajeiq lwg, liux cix aeu najbyak ndanggaeuq bae hoihhoih daem najbyak lwg, caemh hozunq heuh coh lwg dem, bohmeh naeuz: "Nding a, daeuj, daem gyaeuj lwbw." Lai guh geij gau liux, bohmeh ngamq ngoemj gyaeuj didi ne, lwg cix gag iet gyaeuj gvaqdaeuj lw, caemh riunyumjnyumj dem, dwggyaez lai. Bohmeh guh yienghneix ne, ndaej hawj lwg roxnyinh gangj hauq caeuq guhning doxhaeuj, hawj lwg ndeicaw.

○ Bohmeh lienh lwg nyinh doxgaiq ne, ndaej aeu leh cag daeuj guh. Bohmeh ne, umj lwg naengh youq henz congz, liux cix cuengq song geu cag youq gwnz cog, miz geu cug gaiqcaemz, miz geu mbouj cug nauq, liux cix hawj lwg gag leh. Guh lai baez liux, lwg cix rox gag nyinh geu lawz miz doxgaiq, geu lawz mbouj miz lw, caemh rox gag aeu geu miz gaiqcaemz de daeuj guuhcaemz dem.

○ Roq doxgaiq. Cawzneix lwg gyaez aeu doxgaiq daeuj roq nij nij nok nok, hauhneix bohmeh cix aeu mbangj guenq、 duix ieng、 benj iq daeuj hawj lwg aeu faex iq daeuj nok, hawj lwg roq guhcaemz, guh hauhneix ne ndaej hawj lwg fwngz lai raeh, hawj lwg ndaej roxnyinh gak cungj sing doxgaiq mbouj doxdoengz roq baenz de.

24. Guhlawz Caeuq Lwg Gouj Ndwen De Doxvaij

Lwg ndaej gouj ndwen le, lwg cix raih yazyaz yabyab, lwg cix rox ngaek gyaeuj dwg naeuz mbouj nyienh mbouj ei, bi fwngz dwg naeuz raen moq; ndaej nyi vunz heuh coh ndanggaeuq le cix rox nyinh; ciengzmbat rw vunz ok sing, rox naeuz "meh" cungj hauq ngaih neix

Caeuq lwg lai doxnem, lai doxgangj, guh yienghneix daeuj yok saenzging lwg maj lai baenz.

baebae mama, mbangj lwg lij rox naeuz "boh"、"yah"、"baeuq" dem; rox aeu lwgfwngzmeh caeuq lwgfwngzyinx daeuj nep doxgaiq iq, caemh rox vit doxgaiq dem; dingzlai lwg rox rouz doxgaiq gag soengz hwnjdaeuj, miz mbangj lwg ne mbouj rox raih nauq, gag daj rox naengh sohsoh bienq baenz rox soengz. Lwg gyaez rw ne, cix gangjnaeuz lwg rox ngeix lai lw, dwg lwg maj laux ndaej hwnj mbaek sang lw.

Cawzneix bohmeh yaek guh hauhneix caeuq lwg doxvaij:

〇 Hawj lwg gungq hwet gip doxgaiq, coengh lwg roxnyinh hauq lawz yaek guh yiengh lawz.

Hawj lwg aeu faj fwngz ndeu daeuj rouz baengh, liux cix coq aen gaiqcaemz lwg maij de youq henz din lwg, coq ndei le cix heuh lwg aeu faj fwngz wnq bae gip gaiqcaemz de, caemh naeuz lwg dem, naeuz: "Nding a, aeu vei". Lai guh geij mbat, hawj lwg bae ndaej nyi "aeu vei" cix gungq hwet roengzbae gip doxgaiq. Laenghnaeuz lwg caengz gungq hwet ndaej ne, bohmeh ne cix hawj lwg naj coh gaiqcomz, laeng coh bohmeh ndwn youq gwnz mbonq, song fwngz got dawz hwet lwg, liux cix hawj lwg gungq hwet roengzdaeuj gip gaiqcaemz, gip ndaej le cix ndwn hwnjdaeuj, guh hauhneix ne, ndaej hawj lwg "roxnyi vunz gangj hauq" , hawj lwg roxnyinh hauq lawz yaek guh yiengh lawz.

○ Lwnh goj hawj lwg nyi, hawj lwg uk lai gvai.

Cawx mbangj sawdoz vah ngaih、saek angj、goj ngaih de hawj lwg yawj. Laenghnaeuz lwg maij ne, bohmeh cix dingz fan saw vix doz hawj lwg yawj, dingz hozunq hoihhoih lwnh goj hawj lwg nyi. Aen goj ndeu, bohmeh yaek lai gangj geij dauq, hawj lwg ndaej nyi baenzrauq. Lwnh goj ne, ndaej hawj lwg lienh rox nyi caeuq rox gangj, caemh ndaej lienh ngeix dem, mboujguenj lwg rox nyi mbouj rox nyi aen goj de dwg gangj gijmaz, bohmeh ndaej vangq ne, coj yaek lwnh goj hawj lwg nyi, gangj guk baenz guk, gangj vaiz lumj vaiz, hawj lwg gajnyi gvaqyinx bae. Hauhneix guh ne, daengzlaeng lwg cix gyaez nyi goj, lwg cix gyaez yawj saw. Laenghnaeuz banneix lwg caengz nyienh nyi goj ne, bohmeh gaej gaemh aeu bw, gvaq yauq liux menh guh.

○ Hawj lwg ra doxgaiq, coengh lwg lienh guh saeh.

Bohmeh youq dangqnaj lwg cumh di doxgaiq hwnjdaeuj, liux cix dawz hawj lwg, naeuz: "Doxgaiq ne, doxgaiq youq gizlawz? Nding coengh meh ra okdaeuj vei.!" Lwg ne, cix baenj aen daeh sa de, sik sa byoengq bae, daengzlaeng cix yawj raen doxgaiq cumh youq ndaw daeh, yawj raen doxgaiq le, lwg cix angqyekyek. Liux ne, bohmeh cix aeu mbaw sa moq daeuj cumh dem, cumh ndei le cix hai, heuh lwg aeu doxgaiq okdaeuj, baebae mama lai guh baez hawj lwg yawj, daengzlaeng lwg cix mbouj luenh sik sa lw, lwg cix rox gag mbe sa aeu doxgaiq okdaeuj lw.

25. Guhlawz Caeuq Lwg Cib Ndwen De Doxvaij

Lwg ndaej cib ndwen le, ninzdingjai ne, ndaej gag fonj ndang ndwn hwnjdaeuj lwbw, caemh ndaej gaem dawz doxgaiq gag ndwn hwnjdaeuj lwbw, dingzlai lwg ndaej gag ndwn 10 miux doxhwnj, lwg ndwn ne, ndang cix baenq coh baihswix baihgvaz baenz 90 doh; fwngz ne lai raeh

Lwg ndaej cib ndwen le, bohmeh hab son lwg gangj mbangj hauq lw.

gvaq doenghbaez lw, rox gag nyoengx dou, rox gag naep gvenhai daeng; rox nyinh gij doxgaiq bingzciengz; rox nyinh saejcaw bouxlaux lai ak gvaq doenghbaez; laenghnaeuz hat lwg ne, lwg cix daejnganga, laenghnaeuz haenh lwg ne, lwg cix angqyekyek, riugekgek; rox gag hah gag hen doxgaiq lajndang lw, mbouj luenh hawj vunz caemz gij doxgaiq lajndang; gyaez rw vunz gangj hauq lailai, daemxcih gangj mbouj baenz nauq; bouxlaux daengq lwg, lwg roxnyinh mbangj sienq ngaih lw, caemh rox bae guh dem, v.v..

Cawzneix ne, bohmeh hab guh ra gaiqcaemz、dik makrumz、gyaeng lwgduh、dawz goenh doenghgij guhcaemz neix daeuj caeuq lwg doxvaij, hawj lwg ndaej lienh fwngz guh saeh, caemh ndaej lienh nen doxgaiq dem.

○ Ra gaiqcaemz. Cuengq makdumz、faexdaeb、lwgyou、sawdoz doenghgij doxgaiq neix youq gwnz congz, liux hawj lwg naengh youq baihgyang gij doxgaiq neix. Lwg naemj iet fwngz bae aeu senz aen gaiqcaemz ne, bohmeh cix cw lwgda lwg hwnjdaeuj, dawz doxgaiq deuz bae giz wnq, liux dawz fwngz deuz, heuh lwg bae ra dem. Baebae mama guh ndaej haj roek mbat le, laenghnaeuz lwg ra ndaej dingzlai ne, hauhneix cix gangjnaeuz uk lwg maj ndei lai.

○ Dik makdumz. Cuengq aen makrumz youq gwnz namh, meh ne, cix ndwn youq baihlaeng lwg, aeu song fwngz yaeuj lajeiq lwg, dawz lwg bae bae naj, dawz lwg bae laeh makrumz, caj makrumz roux bae giz wnq le, hawj lwg laeh dem, baebae mama guh geij mbat, guh hauhneix daeuj lienh ndok ga lwg caeuq nohcing ga lwg, hawj lwg ndaej lienh byaij roen.

○ Gyaeng lwgduh. Cawzneix lwg maij gip doxgaiq lai, hauhneix bohmeh cix gyaeng di lwgduh youq ndaw bingzgingq, liux cix heuh lwg dauj okdaeuj gonq, dauj okdaeuj liux cix heuh lwg aeu lwgfwngzmeh caeuq lwgfwngzyinx baenz naed baenz naed nep lwgduh haeuj ndaw bingz bae. Lwg ngamq guh ne, lwg aiq guh mbouj baenz geijlai, hauhneix deng yaengyaeng guh, gip gaiq iq gonq, daengzlaeng menh gip gaiq laux, naih souj naih baenz baed. Daemxcih bohmeh yaek re lwg luenh ndwnj doxgaiq iq bw.

○ Dawz goenh. Hawj lwg aen rox saek geij aen goenh ieng miz 10 daengz 15 cm laux de, liux cix son lwg dawz goenh haeuj fwngz roxnaeuz din bae, guh hauhneix daeuj lienh fwngz lwg, hawj lwg fwngz lai raeh.

Lij miz dem, cawzneix bohmeh hab son lwg roxnyinh hauq lawz yaek guh yiengh lawz lw. Bouxlaux okdou ne, cix dingz dongx lwg naeuz "lazgonq (raen moq)", dingz vad fwngz lwg, hawj lwg roxnyinh vad fwngz dwg naeuz "lazgonq" nw.

26. Guhlawz Caeuq Lwg Guhdoih Guhcaemz

Lwg gyaez haeujrox doxgaiq moq, lwg gyaez cimra aen biengz moq, hauhneix lwg cix gyaez guhcaemz. Lwg yaek maj laux baenz vunz ne, guhcaemz coj yaek guh dahraix nw.

Lwg gyang caw gyaez guh ne, guhcaemz cix baenz guhcaemz caen dahraix.

Mbang bohmeh mbouj ngah hawj lwg bae guh mbangj doxgaiq, ngoenzngoenz lauyoekyoek, naeuz gaiq neix dwglau, gaiq de gyuek lai, mbouj ngah hawj lwg ning fwngz nauq, hauhneix lwg cix bienq gik lw; mbangj bohmeh ne, hoz gaenj gwn ceiz gwnz giengz lai, lwg lij nding lij iq cix son lwg gaiq neix gaiq de, hawj lwg mbouj ndaej vangq guhcaemz, youq mbwq lai; daegbied dwg youq ndaw singz, lwg caeuq lwg doxvaij noix lai, gag youq ndaw ranz lajndang yawj heiqngaeuz ndwi, hauhneix nyezdoih mbouj ndaej doxvaij guhcaemz, daengzlaeng haujlai lwgnyez cungj mbouj rox guhcaemz nauq.

Lwg gyang caw gyaez guh ne, guhcaemz cix baenz guhcaemz caen dahraix, lwg ndaej guhcaemz caen ne, lwg cix angqyangz, lwg cix ndeimaez. Miz mbangj bohmeh roxnaeuz canghson daengq lwg "raeuz daeuj veh doz" "raeuz daeuj guh fwen" baenzrauq gvaq, roxnaeuz ndenq mbangj gaiqcaemz hawj lwg, liux cix naeuz "sou caemz gaiq neix", liux ne cix daengq lwg geij coenz, hawj lwg gag guhcaemz ndwi. Hauhneix guhcaemz ne mbouj baenz yungh gijmaz, lwg mbouj gyaez, hauhneix cix mbouj angq. Hauhneix bohmeh caeuq canghson yaek caih lwg gag ngeix gag naemj, gag ra doxgaiq daeuj caemz, bouxlaux ne dawz ndei, daengq ndei, son ndei cix baenz lw. Bohmeh yaek hawj guhcaemz angq ne, hauhneix cix ciuq baihlaj neix bae guh:

○ Bohmeh caenhrengz hawj lwg ndaej vangq guhcaemz.

○ Hawj lwg ndaej giz guhcaemz ndeu, hawj lwg guhcaemz saqcaw, ndaej vangq cix okbae caeuq nyezdoih caemhdoih liuh. Gaej lau lwg doxceng doxeuq, lwg caeuq lwg doxvaij, lwg caengq rox guhlawz daih vunz guhlawz dak vunz. Canghngvanh guh hongngvanh liux naeuz gvaq, lwg caeuq lwg doxvaij ne, hag doxgaiq lai riuz gvaq canghson caeuq bohmeh son.

○ Banneix dingzlai lwg ning mbouj doh, hauhneix yaek lai guhcaemz daeuj ning ndang caengq baenz. Okbae guhcaemz ne, lwg cix lai vonzcaw, bya a, ndoi a, haij a, doengh a, doenghgij doxgaiq neix hawj lwg angqangq yangzyangz, vuenvuen heijheij.

Lij miz dem, bohmeh hab son lwg gag guh gaiqcaemz, lumjnaeuz daeb yienzbauj a、nyib domq a v.v.. Guh gaiqneix ndeimaez lai, caemh lienh uk baenz gvai dem.

27. Guhlawz Caeuq Lwg Cib'it Ndwen De Doxvaij

Lwg ndaej cib'it ndwn le, bozndwi gag ndwn, gag gungq hwet, gag rouz doxgaiq byaij lw, bohmeh cing fwngz lwg heuh lwg yamq din, lwg gag rox doxlawh iet din; gwn ngaiz ne, gag rox gaem dawz beuzgeng daek haeuj bak bae gwn; rox aeu lwgfwngzmeh caeuq lwgfwngzyinx nep doxgaiq iq cingqcingq; gyaez

Son lwg roxmai vunz.

aeu bakga youq luenh coeg luenh veg; gveng makrumz hawj lwg ne, lwg rox gvengq doxdauq hawj bohmeh, daemxcih dwk mbouj dawz; gangj hauq ne, daih dingzlai lwg caengz rox gangj hauq nauq, daemxcih bozndwi roxnyinh mbangj hauq gvaq, raemxrengz roxnyinh bozndwi bienq ak gvaq, mbangj lwg ne rox rw bohmeh naeuz saek song aen cih, lumjnaeuz "boh"、"meh"、 "yah" doenghgij cih ngaih neix. Gij yienghsiengq neix ne cix gangjmingz lwg maj laux lw.

Okrengz hawj lwg gangj hauq lai baenz. Raen vunz ne, cix youq dangqnaj vunz son lwg naeuz "boh"、"meh"、"au"、"nax" doenghgij cih ngaih neix, baebae mama lai son di, naih souj naih baenz baed. Bohmeh yaek caem ndaej bw, ok sing ne deng ok seuq bae, deng ok numq di, gaej gaenj lai. Laenghnaeuz lwg gangj baenz lw ne, bohmeh deng haenh lwg riengzcawz.

Hawj lwg roxnyinh cungj nangqnem doxgaiq caeuq doxgaiq de caeuq cungj nangqnem namz dagebied doxgaiq caeuq namz daegbied doxgaiq de, hawj lwg ndaej ning uk lienh ngvanh lienh nwh. Bohmeh ne, aeu aen cenj daeuj coq, liux ne aeu sam aen fa gvaqdaeuj dem, aen laux, aen rauh, aen iq, gag miz aen goeb cenj ndaej ndwi. Bohmeh yaek son lwg guhlawz goeb cenj gonq, liux ne cix ndenq sam aen fa hawj lwg caez, heuh lwg "aeu aen lawz ndaej goeb cenj ndei ne" . Lwg ne, aeu sam aen fa de goeb bae goeb dauq liux, daengzlaeng gag goeb deng lw ne, bohmeh yaek haenh lwg riengzcawz.

Bohmeh yaek daegdeih son lwg naihhoz guh sienq, dinghcaw yawj doxgaiq. Bohmeh ne, daj ndaw saw cabceiq gaeuq de raed mbangj doz hix ngaih hix caeuh de roengzdaeuj gonq, liux doq baenz cek saw cienmonz ndeu hawj lwg naeq. Hawj lwg naeq saw ne, mbaw doz ndaej naeq caet bet miux yienghneix, caemh yaek gej doz hawj lwg nyi dem. Hawj lwg naeq baenzrauq le, bohmeh cix daengq lwg gag naeq saw, gag ra doz lw. Daemxcih laenghnaeuz lwg mbouj nyienh guh ne, hauhneix cix daengzlaeng menh guh lw.

Hawj lwg haeujrox mbangj raemxrox diegyouq doxgaiq caeuq doxgaiq de. Bohmeh ne, hab hawj lwg dawz cik gvaq geh, hawj lwg ndwn youq baihlaeng eij conghcon de, heuh lwg dawz fag cik dajraeh de byaij gvaq geh daeuj hawj bohmeh. Lwg ne, gaem cik ndaej, daemxcih mbouj rox dajvang caengq ndaej byaij gvaqdaeuj. Laenghnaeuz gvaqdaeuj mbouj ndaej ne, bohmeh cix son lwg dem, son daengz lwg guh baenz bae. Baebae mama lai guh geij mbat, liux menh vuenh gaiq raez wnq daeuj hawj lwg guhcaemz dem, hawj lwg gag ngeix guhlawz caengq ndaej dawz okdaeuj.

28. Lwg Hop Bi Liux Gyaez Guhcaemz Gijmaz

Lwg hop bi liux, rox yaengx fwngz hwnjdaeuj lw, roxnaeuz hawj bouxlaux cing faj fwngz ndeu byaij roen, miz mbangj lwg ne bozndwi gag byaij lw nw; rox daj ndaw loengx gaiqcaemz dawz gaiqcaemz okdaeuj, roxnaeuz cuengq gaiqcaemz haeuj

Gij guhcaemz nemdaengz vamzgwt yienghsiengq de, lwg gyaez lailai.

loengx bae, gyaez luenh banj doxgaiq; gij lwg hag gangj hauq baenzriuz de rox gangj saek geij aen cih gvaq, lumjnaeuz "meh"、"boh"；rox loengh di yienghsiengq fwngz ngaih roxnaeuz guh naj ngaih daeuj daengq bouxlaux, caemhcaiq ndengj dem.

Banneix, gij guhcaemz nemdaengz vamzgwt yienghsiengq de, lwg gyaez lailai. Lumjnaeuz gyoeb benj guhcaemz, bohmeh hab raed sa ndongj baenz gep baenz gep bae, miz yiengh neix yiengh de, bohmeh dingz raed dingz naeuz coh sagep hawj lwg nyi, lumjnaeuz samgak a、seiqfueng a v.v., liux ne cix cuengq gij sagep de haeuj ndaw hab bae, heuh lwg gag dawz okdaeuj. Baebae mama lai guh geij baez, hawj lwg ndaej nyi coh sagep liux rox gaem deng.

Lienh byaij roen. Bohmeh ndenq aen gaiqcaemz iq hawj lwg, hawj lwg gaem maenh bae, hawj lwg roxnyinh youq net. Liux ne, bohmeh cix byaij dauqlaeng geij yamq, gaem dawz aen gaiqcaemz moq bae nyex lwg, yoeg lwg byaij gvaq baih bohmeh bae, caj lwg yaek daengz le, bohmeh lij dauqlaeng saek song yamq dem, caj lwg byaij mbouj onj le, bohmeh menh bae got lwg, haenh lwg mbeilaux caeuq naihhoz, ndenq gaiqcaemz hawj lwg, caemhcaiq caeuq lwg guhdoih guhcaemz dem.

Banneix lwg gyaez rw bouxlaux gangj hauq raixcaix. Hauhneix bohmeh ne cix damz di fwen lwgnyez haeujyinh de hawj lwg nyi, lumjnaeuz "lwg raeuz gvai, bak van lai, heuh boh heuh meh bae gwn ngaiz, heuh baeuq heuh yah ndaej naj hai······". Damz ne, bohmeh yaek daegdeih doeg aen cih doekbyai de baenz naek baenz raez bae, lumjnaeuz doeg baenz "lwg raeuz——gvai". Liux ne, bohmeh cix heuh lwg: "Nding oi, naeuz, gvai ——" Naeuz lwg liux, bohmeh doeg coenz de dem "bak van——", daegdeih mbouj naeuz "gvai" aen cih neix, caj lwg gag naeuz okdaeuj. Baebae mama naihhoz lai guh geij baez, hawj lwg ndaej riengz laeng bohmeh doeg aen cih doekbyai haeujyinh de okdaeuj.

Bohmeh hab son lwg haeujrox geqsoq. Bohmeh ne, hawj lwg gwn bingj ﹑ gyoij roxnaeuz diengz ne, cix hawj lwg gaiq gonq, liux cix iet lwgfwngzyinx okdaeuj lwnh lwg nyi, "aen neix dwg ndeu", caemh heuh lwg rw bohmeh iet lwgfwngzyinx okdaeuj lwnh bohmeh yaek aeu "gaiq ndeu" dem, laenghnaeuz lwg guh baenz ne, bohmeh cix hawj lwg gaiqgwn, caemh haenh lwg dem. Daengzlaeng, laenghnaeuz ngeix hawj lwg gaiqgwn ne, cungj yaek hauhneix guh dem.

Lij miz dem, banneix bohmeh hab rw lwgduz hemq, hawj lwg roxmai mbangj lwgduz.

29. Lwg Miz Bedndang Gijmaz

Canghngvanh naeuz, lwg ndaej bi hauhneix le, lwg cix fat baenz bedndang ndanggaeuq lw, ciuq gij bedndang lwg ngoenzndwi de bae baen ne, ndaej baen guh sam:

○ Lwg ei nyi. Dingzlai lwg cungj ei nyi. Lwg ei nyi ne gvaq ngoenz baenzrauq riuz lai, bohmeh guhlawz dawz lwg, lwg cungj guhgvenq, mboujvah dieg moq、doxgaiq moq roxnaeuz vunz moq, lwg cungj haeujgyawj baenzngaih. Hauhneix, bohmeh roxnaeuz bouxlaux wnq dawz

Lwg ndaej bi hauhneix le, lwg cix fat baenz bedndang ndanggaeuq lw.

cungj lwg neix ne mbouj dwgrengz geijlai.

○ Lwg naj nyaenq. Lwg naj nyaenq ne, mbouj gyaez haeujgyawj doxgaiq moq geijlai, haeujrox doxgaiq moq maqhuz numq, raen doxgaiq moq le cix naj mong naj ai, daemxcih gvaq nanz le lwg caemh gvenq doxgaiq moq ndaej.

○ Lwg yaeg lwg manz. Mboujvah gwn haeux roxnaeuz bae ninz, cungj lwg neix dingh roengzdaeuj dwgrengz lai, yauq mbouj doengz yauq, gwn doxgaiq moq roxnaeuz bae guh sienq moq ne, lwg mbouj ngah guh nauq, mbwenj lai mbej lai, hawj bohmeh fiengxfezfez.

Lwg sam yiengh baihgwnz neix, lwg mbouj doengz lwg, hauhneix fuengfap bohmeh dawz lwg coj mbouj doxdoengz. Dawz lwg ei nyi ne, lai

ngaih lai soeng, daemxcih gaej nyinhnaeuz lwg gajnyi naeuz ne, cix mbouj
ngah ngeix gyang caw lwg gyaez aeu gijmaz, mbouj ngah hawj lwg bae guh
gij sienq da' ndei. Dawz lwg naj nyaenq ne, lwg guh sienq roxnaeuz ngeix
sienq maqhuz numq, bohmeh gaej nyapnyuk roxnaeuz doeknaiq, bohmeh
yaek okrengz doj lwg bae haeujrox doxgaiq moq, naih souj naih baenz baed.
Laenghnaeuz dawz lwg yaeg ne, bohmeh yaek guh dauh mbouj lau fangz
daeuz, lwg hemq aeu gijmaz, bohmeh deng ngeix ndei, gaej hawj lwg "guh
manz lai".

Youq gizneix lij yaek daengq beixnuengx dem, caeuq lwg doxvaij ne,
gaej luenh nyinhnaeuz bouxlaux neix son ndaej, bouxlaux de son mbouj
ndaej. Dawz lwg ne, boh caeuq meh doxdaengh. Doenghbaez dingzlai vunz
nyinhnaeuz meh dawz lwg lai caeuh. Daemxcih banneix canghngvanh guh
hongngvanh liux daengq naeuz, lwg gyaez baengh boh lailai, mbouj dwg
baengh meh. Boh gangj hauq、 guhcaemz caeuq meh mbouj doxdoengz,
hauhneix ndaej doj lwg lai gyaez haeujrox aen biengz raeuz, hawj lwg lai
gyaez cimra dem. Hauhneix, boh yaek lai dawz lwg di, hawj lwg lai gvai, lai
raeh.

30. Lwg Caw Naiq Lai, Bohmeh Rox Le

Laenghnaeuz lwg guhlumj baihlaj neix ne, cix gangjnaeuz lwg caw naiq lw.

○ Ninz mbouj onj

Dingzlai lwg lau mbwn laep, lau gyanghwnz, laenghnaeuz bohmeh cuengq lwg youq ndaw ranz ne, lwg cix dwglau. Laenghnaeuz lwg gyanghwnz laegfwngh doeksaet roxnaeuz daejnganga baenzrauq ne, hauhneix lwg

Laenghnaeuz lwg caw naiq lai ne, ndang cix yak youq lai.

cix deng gijimaz doz ndang gvaq. Hauhneix, bohmeh camhseiz gaej hawj lwg gag ninz lw, buenx lwg ninz yauq, hawj lwg roxnyinh youq net, hawj lwg naihnaih ninz onj.

○ Mbouj rox vihmaz gyaez daej lai

Ngoenzndwi, aenvih dungx iek lai roxnaeuz ndang naiq lai lwg caengq daej, daemxcih lwg daej ne goj gangjnaeuz lwg caw naiq, ngeix daej liux hawj ndanggaeuq ndaej youq lai soeng di.

○ Gaenx baenz bingh

Laenghnaeuz lwg gaenx dwgliengz, gaenx rueg ne, daemxcih gwnz ndang mbouj baenz gijmaz ne, hauhneix cix gangjnaeuz lwg citcaw naiq lai. Hauhneix bohmeh yaek lai nai lwg, hawj lwg ndaej youq lai soeng di.

○ Mbouj gyaez gwn haeux

Laenghnaeuz lwg mbwq gwn haeux, cix gangjnaeuz lwg yak youq gvaq, bohmeh yaek re caengq baenz. Laenghnaeuz bohmeh yawjmbaeu ne, daengzlaeng gaiq guhgvenq lwg gwn haeux aiq bienq luenh lai. Banneix ne, bohmeh gaej gaemh lwg gwn haeux, bohmeh ne nanz mbouj nanz yaek vuenh byaek moq hawj lwg gwn, yok lwg coengh bohmeh leh gij byaek lwg maij gwn de. Laenghnaeuz lwg mbouj gyaez gwn haeux bienq naek lai ne, roxnaeuz ndang bienq mbaeu lai ne, bohmeh yaek soengq lwg bae ranzyw riengzcawz.

○ Gyaez dub vunz, gyaez vaek vunz

Geij bi neix roengzdaeuj, canghngvanh naeuz, lwg caengz rox gangj geijlai hauq de, caw naiq ne cix gyaez haeb doengzdoih, yoeg doengzdoih hozndat roxnaeuz dub doengzdoih. Lwg gyaez guh nyauq lumj yienghneix ne, aenvih gyang heiqngaeuz luenh dub luenh hoenx lai, daemxcih lwg hozgaek hozhwnj lai ne, aenvih gyang caw lwg naiq lai. Hauhneix, bohmeh deng daengq lwg yaek guh gijmaz, yaek guhlawz bae guh, gaej hawj lwg guh mbouj baenz lw deng daenz caw, hawj lwg guh baenz lw, lwg guhcaemz caengq angq, gvaq ngoenz caengq van.

○ Sawjcaw mbouj doengz doenghbaez

Laenghnaeuz doenghbaez lwg dwggyaez lai, gyaez ning lai, daemxcih laegfwngh miz ngoenz ndeu, lwg cungj hen meh mbouj ngah deuz, bohmeh byaij saek yamq lwg cungj hemq roxnaeuz daej ne, hauhneix cix gangjnaeuz gyang caw lwg dwglau lai roxnaeuz deng gaemh caw gvaq. Hauhneix bohmeh gaej roxnyinh lwg guh yienghneix dwg guh unq ndwi, luenh gauz ndwi, bohmeh yaek yawjnaek buenx lwg, yaek daengq lwg bohmeh yaek buenx lwg daengznauq, heuh lwg gaej lau, guh hauhneix hawj lwg ndaej youq net.

31. Son Lwg Gag Guhcaemz

Lwg ndaej seiq daengz
roek ndwen le, lwg cix rox
ning ndang lw, lwg caemh rox
mbangj sienq lw, lumjnaeuz
rox gaem gaiqcaemz, caemh
gyaez aeu gaiqcaemz rox
ndaeng de dem. Daemxcih
cawzneix goengrengz fwngz
lwg lij yaez, gag caemz
gaiqcaemz mbouj ndaej nauq.

Venj gaiqcaemz youq baihgwnz mbonq, lwg baez yaengx fwngz cix gaem ndaej.

Hauhneix, bohmeh hab
venj mbangj gaiqcaemz hix
angj hix yinx、rox ndaeng de youq baihgwnz mbonq, hawj lwg baez yaengx
fwngz cix gaem ndaej, lumjnaeuz venj aenlingz、lwgduz baez gaem cix
ndaeng de doenghgij doxgaiq neix, hawj lwg lai angq lai gyaez guhcaemz.
Baeznduj ne, bohmeh hab guhcaemz hawj lwg yawj, ngauz hawj lwg nyi,
baebae mama guh geij mbat liux cix ndenq hawj lwg, son lwg gag caemz,
caemh haenh lwg dem, hawj lwg nen guhlawz guh ndei bae.

Cawzneix, bohmeh yaek haeujcaw lwg cawzneix lau doxgaiq miz
bwnnumh lai, hauhneix gaej luenh cawx gaiqcaemz bwnnumh hawj lwg.

Lwg ndaej caet bet ndwen le, lwg cix gyaez gag ning lwbw. Lwg ne,
gyaez gag bae cimra seiqhenz diegyouq, lwg raen gijmaz cix gaem gijmaz,
gaem dawz gijmaz cix haeb gijmaz, bohmeh gaemh ne laengz ne, lwg cix
ndengj, lwg cix mbouj angq.

Cawzneix bohmeh liux ndei bae son lwg gag guh sienq, hawj lwg gag guhcaemz, gaej hawj lwg nem bohmeh lai, lau daengzlaeng baenzvunz le ngat bohmeh lai.

Hawj lwg gag guhcaemz, bohmeh cungj yaek lai re nw; bohmeh yaek genj dieg ndei caeuq gaiqcaemz ndei hawj lwg, hawj lwg ndaej youq dieg ndei gag ngvanh raemxrox ndei; caemhcaiq dem, bohmeh yaek aeu caw daeuj haenh lwg, aeu caw daeuj nai lwg, lwg gag guhcaemz ne, bohmeh doq gangj hauq haenh lwg, roxnaeuz doq aeu lohsoq wnq daeuj haenh lwg.

Mboujgvaq ne, cawzneix lwg guh sienq caengz ndaej dingh nanz, lwg hop bi de, gag dingh ndaej 15 faencung ndwi, laenghnaeuz miz coix doengzdoih guhdoih guhcaemz ne, gag ndaej 5 daengz 10 faencung ndwi. Hauhneix bohmeh yaek nen nw, lwg guh yienghneix cingqciengz lai, hauhneix gaej hawj lwg gag guhcaemz nanz lai bw.

32. Son Lwg Yungh Hongdawzgwn

Lwg ndaej roek caet ndwen liux, cix gyaez gaem gaiqgwn guhcaemz, hauhneix bohmeh hab son lwg gag gaem doxgaiq daeuj gwn lw. Lwg ndaej cib ndwen liux, lwgfwngz cix lai raeh gvaq doenghbaez, lwgfwngzmeh caeuq seiq aen lwgfwngz wnq ne ndaej doxnep lwbw. Hauhneix, lwg ceng mbouj lai gag gaem gaiqgwndawz ndaej caeuq gag gaem aeu doxgaiq daeuj gwn lw.

Aeu dauq hongdawzgwn caeuq dauq congz eij hawj lwg gwn haeux.

Lwg ndaej cib'it daengz cibngeih ndwen liux, cawzneix bae son lwg gag gwn haeux liux ndei, laenghnaeuz hawj lwg gag ning fwngz ne, lwg cix angq, lwg gwn haeux cix van, lwg caemh ndaej son lwg ciuq gaiq guhgvenq ndei bae gwn haeux dem.

○ Bohmeh hab son lwg yungh hongdawzgwn, daih'it yaek aeu dauq hongdawzgwn caeuq dauq congz eij hawj lwg gwn haeux. Leh hongdawzgwn hawj lwg ne, yaek leh gaiq dek mbouj ngaih、gaiq mbouj miz doeg、gaiq mbouj sieng ndang de hawj lwg yungh. Gvaengz hongdawzgwn caeuq gok congz、gok eij luq di lai baenz, lau lwg gwn haeux deng camz.

○ Congz eij yaek coq maenh bae. Lwg baeznduj gag gwn haeux, aiq gwn yazyaz yabyab, gwnz congz gwnz namh gizgiz dwg haeux dwg byaek, nyungqnyungq nyangqnyangq, daemxcih bohmeh gaej luenh gaemh lwg guh hauhneix hag gwn haeux bw.

○ Bohmeh yaek daegdeih son lwg gwn haeux. Bohmeh yaek caenfwngz son lwg gwn haeux. Lwg gwn nyungqnyangq lai, bohmeh gaej luenh nyap, bohmeh yaek aeu gaiq baengzgyau daeuj demh hawj lwg, hawj lwg lai guh lai lienh, daengzlaeng cix rox gag gwn ndei lw.

○ Yaek gwn haeux le, bohmeh yaek daengq lwg swiq fwngz gonq menh gwn, laenghnaeuz lwg naemj gag aeu gaiqgwn gwnz congz ne, bohmeh hab hawj lwg gag aeu. Gwn raemx、gwn cijcwz、gwn raemxlwgmak ne, hab aeu cenj daeuj gwn, baeznduj gwn ne, dwk raemx noix di. Laenghnaeuz hawj lwg gag gwn baeznduj ne, lwg aiq gaz hoz roxnaeuz rwed yazyaz yabyab, bohmeh ne, gaej nyinhnaeuz guh yienghneix gyuek lai mbouj hawj lwg gag guh, laenghnaeuz mbouj hawj lwg gag guh ne, daengzlaeng lwg caemh mbouj rox gag guh nauq, lau lwg baenz vunz liux lwg ciuhvunz leix ndanggaeuq mbouj ndei bw.

Bohmeh son lwg yungh gaiqgwndawz ne, yaek haeujcaw bw, gaej hawj lwg gawh lai, aenvih gwn lai ne, lau lwg biz, biz liux dungxsaej cix dwgrengz, dungx cix siu mbouj ndei, sup mbouj ndei, roxnaeuz okdungx dem.

33. Guhlawz Lwnh Goj Hawj Lwg Nyi

Vunz raeuz bouxboux cungj miz aen vamzfaen goj lwgnyez, bouxboux lij iq cungj ndaej nyi gvaq goj. Lwg lij iq ne, ceng mbouj lai ngoenzngoenz cungj ndaej gajnyi bouxlaux lwnh goj, caj mbwn laep le, bohmeh cix gangj goj hawj lwg nyi lwbw, cix gangj goj lwgduz daeuj doj lwg angqyangz

Bohmeh lwnh goj hawj lwg niyi, yaek dingh gyaeujhauq ndei gonq.

lwbw, mboujvah duznou caeg youz gwn, mboujvah duzmeuz ndaem gaeb duzraeg……

Bohmeh lwnh goj ne, daih' it yaek dingh gyaeujhauq ndei gonq. Lwnh goj hoj lumz de, lwnh goj dwggyaez ndeimaez de, lwg cix gyaez nyi, lwg cix nen ndaej. Naengjvah cawz mbouj doengz cawz goj caemh mbouj doengz goj, daeuhvah gij goj cohlaux de nyaengz son raeuz daengz ciuhneix, hauhneix gaej luenh boq hawj lwg nyi. Bohmeh ne, hab cawx geij cek saw goj lwgnyez daeuj yawj, hab cawx cungj haenhyoeg lwgnyez de, cungj ndeimaez ndeicaw de, cungj nemgyawj gwndaenj lwgnyez de daeuj lwnh hawj lwg nyi, hawj lwg roxsoq roxleix, gvaq ngoenz angqyangz.

Daihngeih ne, bohmeh lwnh goj hawj lwg nyi ne, deng caeuq lwg doxvaij. Bohmeh lwnh goj ne, nanz mbouj nanz cix haemq lwg, hawj lwg ndaej lai nen goj. Lwnh goj liux, bohmeh caemh cam lwg dem, hawj lwg han, roxnaeuz bohmeh dingz dwen dingz heuh lwg naeuz goj haxbaenh de hawj bohmeh nyi. Guh hauhneix ne ndaej lienh lwg gangj hauq caeuq nen saeh. Bohmeh gaij mbangj goj goj ndaej, hawj lwg gag ngeix daengzlaeng yaek ok saeh lawz, hawj lwg gag ngvanh gag naemj, daengzlaeng uk cix lai lingz lai gvai.

Daihsam, bohmeh lwnh goj yaek haeujcaw seizgan. Lwnh goj ne, seizlawz lwnh cungj ndaej, daeuhvah baez gaej lwnh nanz lai. Gaej luenh gangj cungj goj fangz goj dwglau hawj lwg nyi, daegbied dwg gyanghwnz lwg haeuj mbonq le gaej luenh gangj. Lij miz dem, bohmeh yaek roxgeiq gangj hauq yaek gangj ndei, gaej bak haeu lai luenh gangj bamz, gangj daengz "boux yak" ne, cungj mbouj ndaej luenh vet vunz, lau lwg daengzlaeng caemh gangj bamz.

1. 与宝宝建立美妙的沟通

做父母的都会发现，新生的宝宝很喜欢妈妈低声地说话。当宝宝没有理由地哭闹时，只要妈妈抱起来，对他轻轻地说："宝宝乖，妈妈在这里。"他便真的不哭了。有的时候，妈妈甚至只是跟随着宝宝的发音，对着宝宝说一些没有意义的词，宝宝就会安静下来。

新生的宝宝喜欢妈妈低声地说话。

研究发现，这些在旁人眼中看似毫无意义的对话，对婴儿的大脑发育有实际的帮助。研究人员在 20 个新生宝宝的头上装上感应器，然后向他们先后播放他们母亲的录音，包括一段文章的朗读，以及一段母亲有意识讲的"宝宝语"。结果显示，婴儿大脑的前额位置，在播放"宝宝语"的时候显得特别活跃。因此，研究者得出结论：当宝宝听到父母有意识地跟他们说话的时候，大脑会变得更加活跃。

父母同宝宝说话、唱歌，用眼睛温柔地注视宝宝，轻轻地抚摸宝宝，这种感情交流，可以使宝宝的视野更开阔，对孩子的大脑发育、精神发育以及身体生长都有着极大的好处。经常与宝宝说"宝宝语"，不但有助于建立亲子关系，也能有效提升宝宝语言发展能力。

对于新生宝宝来说，最佳的交流方式就是像袋鼠妈妈一样地抱着宝宝。在新生宝宝初临人世的日子里，父母可以通过持续地拥抱宝宝，好像把宝宝穿戴在自己的胸前一样，会给宝宝以安全感。这是一种对宝宝，尤其是对早产儿十分有利的护理方式。一方面，可以使母子间亲密地肌肤接触，为宝宝提供温柔的触觉感受，使宝宝心跳、呼吸、血氧浓度稳定，消化好，睡眠深度和体重增加理想；另一方面，母亲感受到与宝宝的亲密感，还可使乳汁分泌增加。

2. 应从什么时候开始早期交流

与宝宝的早期交流应当从宝宝出生后即开始。大脑的发育不仅需要充分的营养，而且还需要外界的刺激。缺少刺激和教育，宝宝的精神、能力就不能够得到迅速提高。

宝宝出生时大脑的发育还不成熟，但此时最具可塑性。婴幼儿具有巨大的学习潜能，这种能力是天赋，比通常所想象的要大得多，一

与宝宝的交流应当从宝宝出生后即开始。

个人如果从出生起就给予正确的教育和培养，他的各种潜能就会转化为现实。所以，婴儿的早期交流对以后的发展起着决定性的作用。广为人知的"狼孩"的故事，就充分说明了早期交流的重要性。

早期交流应抓住时机，根据宝宝的不同年龄阶段制定相应的内容。比如，胎教被人们认为是非常有效的措施之一；在宝宝出生后主要是帮助其视力、听力以及粗细动作的发育；几个月大的宝宝主要是培养其饮食及大小便习惯等。

宝宝出生时，大脑重约350克，到6个月时可达600~700克，但此时脑神经的功能还不完善。随着宝宝的生长发育，受外界丰富的环境影响和合理的引导，使脑细胞急速生长，彼此间发生联系，并逐渐发育成熟。并且，大脑功能的发育同样遵循着"用进废退"的规律，越用才会越发展。

宝宝对某种智力游戏感兴趣，就会乐此不疲，从事这种活动不仅不会影响大脑的发育，反而会有益于身心健康。

有的父母听任宝宝的自然发展，主要是担心宝宝过早地用脑会影响其大脑的正常发育；有的父母担心过多给小儿灌输知识，会导致小儿脑疲劳。其实，幼儿的心理活动尚处于一种不随意的水平，他们集中精力比较困难，维持的时间也比较短。所以，这种顾虑是没有必要的，与宝宝进行早期交流，让宝宝学会动脑筋，只要方法恰当，就不会有什么危害，只会促进宝宝的身心健康。

3. 与宝宝早期交流应注意

1~2 岁的宝宝以语言和动作协调的培养为主。1 岁后的宝宝，语言的理解能力有较大发展，开始可以用简单词句表达自己的意愿或要求，这时应采用实物和词汇相结合的方法，使之认识事物；鼓励宝宝多讲话，要求吐字清楚，用词准确；鼓励宝宝用筷子吃饭，多做手工活动，以培养动作协调和动手能力。

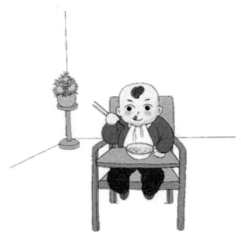

早期与宝宝交流要遵循一定的规律。

2~3 岁是宝宝心理发展的关键时期。这时应培养宝宝日常生活中的良好习惯，如自己进食、洗手洗脸、大小便等，鼓励他多做一些简单的劳动，并注意品德教育。

与 3 岁以后的宝宝交流，可以有意识地从一些自然知识和社会知识开始，但是一定要在宝宝能理解的前提下，以启发、引导的方式进行，鼓励宝宝的求知欲，并耐心回答宝宝提出的问题。

早期交流要遵循一定的规律，在宝宝具备某种能力之前的适当时期，给他们提供恰如其分的感官刺激，以加速他们的这些先天性的潜能变成现实。当然，过分提早刺激，也无益于宝宝的发展和提高。如 4 个月左右的宝宝喜欢用手玩弄胸前的玩具，可以在 3 个月时，在宝宝的小床上悬挂一些玩具，让宝宝能用双手抓到，这样能帮助锻炼宝宝的手眼协调能力。1 岁半左右是宝宝在语言方面快速发展的起步阶段，可以提前 1~2 个月，与宝宝做简单发音的游戏，在玩耍时注意与宝宝进行语言交流，帮助他们形成发音、理解和表达能力。

再者，早期交流应当是轻松愉快、丰富多彩的。方法应该是启发式的，而不是强迫式的，主要是通过让宝宝多看、多听、多玩以及做一些简单的自我服务能力的训练，从宝宝的兴趣爱好出发，而不是强求知识的系统性。

4. 与宝宝交流应注意的误区

在与宝宝的日常交流中，父母要注意避免以下误区：

不要以为宝宝一事不通，就对宝宝恶言恶语。

○给宝宝灌输很多复杂枯燥的内容。父母过度地让幼小的宝宝学习，如识字、算数、外语、画画、弹琴，样样都学，会把宝宝搞得疲惫不堪，趣味索然，不但不能令宝宝更聪明，反而会阻碍他们未来的学习能力的发展。

○管教过死过严，处处要他乖顺。这样会使宝宝极易变得胆怯、顺从，长大后容易成为一个没有冲劲，缺乏主见和创造力的人。

○对宝宝期望值过高。有些宝宝已经尽了最大努力，但是在生活中，父母却不是去鼓励他，而是责骂他，这样会使宝宝的自尊心受到严重伤害，从而失去自信心，结果将会影响宝宝的学习积极性。

○过于宠爱宝宝，不敢管教。对宝宝的姑息迁就，会使宝宝不懂得适度控制自己。这样容易使宝宝形成任性、娇纵的性格，不仅会影响宝宝日后的学习，而且还会使其沾染上坏的习气，后患无穷。

另外，父母不要以为宝宝小不懂，对宝宝恶言恶语。语言要"十不"：

（1）不恶言：不说"傻瓜""没用的家伙"等。

（2）不侮蔑：不说"你简直是废物"等。

（3）不过分责备：不说"你真是坏透了"等。

（4）不压抑：不说"闭嘴""你怎么这样不听话"等。

（5）不强迫：不说"不行！就不行"等。

（6）不威胁：不说"我再也不管你了，随你去吧"等。

（7）不哀求：不说"求求你了，别再闹了，行吗"等。

（8）不抱怨：不对孩子说"别老做这样的事，蠢死了"等。

（9）不贿赂：不说"你去自己玩，我就给你饼干、喝奶"等。

（10）不讽刺：不说"你可真行啊！竟敢做出这种事来"等。

5. 如何与任性的宝宝交流

有些孩子，一到超市就闹着要买东西，不管需不需要，反正不买就哭；一不高兴就摔东西；做了错事不肯认错……这些都可被称为任性。任性通常是指孩子对不良行为的坚持，想做什么就要做，不考虑其行为是不是

任性的形成是孩子的坚持战胜了父母的耐性。

妥当；并且难以听从他人的劝告或建议，不愿意改正不当的行为，显得比较固执。

任性的形成是孩子的坚持战胜了父母的耐性，而纠正则需要父母的坚持战胜孩子的任性。但父母在试图纠正孩子任性的过程中往往会感到困难，因为已经习惯了被孩子征服，诸如不忍心看孩子哭，没有时间，或是抱怨"孩子不听，我也没办法"等，放弃了应有的原则。所以，纠正孩子的任性，父母首先必须清楚地认识到对孩子不良行为的让步不是爱孩子，而是害他们，要坚定纠正的决心。

其次，父母需要一些策略，可以采取说服、转移注意力、冷处理、奖惩或暂时隔离等方法。如果孩子在商店一定要买那些并不需要的东西，父母先设法说服，说服无效后，就一直向前走直到孩子追来，但要留意孩子的哭声，哭声小了要回头看看情况。如果孩子乱扔东西不肯捡起来，就一定要坚持让他捡，否则取消孩子玩其他玩具、看电视或外出玩的机会，必要时可以握住孩子的手强制他去做，此时父母不必再多说什么了。

另外，孩子的任性有所改善时，要及时鼓励。同时，任性的孩子

有时所坚持的事情可能是正确的，坚持好的行为就是表明有主见，对此父母也要及时表扬，目的也是让孩子知道什么行为是允许的、什么行为是不允许的。

6. 和睦家庭环境的影响

　　和睦的家庭是宝宝幸福的摇篮，宝宝需要在父母恩爱、家庭成员和睦的环境里生活，这是孩子身心健康发展的必要条件。

和睦的家庭是宝宝幸福的摇篮。

　　如果家庭成员之间经常发生矛盾，出言不逊，行为粗鲁，会让宝宝紧张、担忧；或者大人由于情绪不好，将怒气出在孩子身上，把孩子当成"出气筒"，更会让宝宝委屈、不知所措；尤其是父母矛盾深化到闹离婚的时候，互相争夺孩子，以孩子喜爱之物相诱，使孩子无所适从，分不清是非，易形成自私、虚伪、说谎及见风使舵等不良行为，严重的甚至会影响孩子的个性发展，使孩子的心灵受到创伤。

　　要尊重孩子。孩子都希望得到父母的尊重，从小受到尊重，才会产生自尊心，长大后也才会尊重别人。有的父母把孩子当玩物，有的无意识地随便戏弄孩子，如看到宝宝长得白白胖胖很可爱，就叫他"小胖猪"。宝宝长得瘦的叫"小猴子"。宝宝反应迟钝一点，父母一烦恼就骂他是"笨蛋"、"混球"，这都是对孩子人格的不尊重。为了宝宝的成长，这类语言最好少用或不用。

　　要善于批评。孩子难免会有错误和过失以及不能令人满意的行为习惯，爸爸妈妈应该循循善诱，帮助他改正缺点与错误，千万不要在众人面前议论、指责孩子，如说孩子很笨、不听话、喜欢咬人和打人等，这将会强化不好的行为，也会伤害孩子的自尊心。

　　家庭中应该有民主平等的气氛。父母要求孩子帮助做事应该使用请求或商量的语气，不可强迫命令。孩子做完事后，父母也要对孩子说"谢谢"。父母做错了事或说错了话也要承认错误，若错怪或冤枉了孩子，事后应该向孩子道歉。

7. 营造良好的家庭气氛

孩子的健康成长，家庭环境的影响至关重要。以下的家庭气氛会更适合孩子健康成长：

○家庭成员之间交流思想，相互尊重，不使用污言秽语。

○全家人常在一起做体育活动、游戏，尽可能一起到公园去玩。

孩子提的问题，父母要充分肯定。

○当全家某一成员讲话时，其他人有细听的习惯。

○家里某人外出，其他人能大概了解其去向和回家时间。

○家庭中某一成员生病时，大家能给予关心和照顾。

○对家庭的重大问题，如购买贵重物品，安排节日活动等，大家在一起商量决定。

○不过多地限制孩子的爱好和兴趣，当发现孩子做得不对时应和善地予以启发和教育。

○不训斥孩子。

○答应替孩子办的事而没有办到，父母应及时向孩子解释。

另外，父母也应该积极培养孩子爱思考的习惯。在日常生活中，与孩子一起做事的时候，父母要及时向孩子解释。尽管此时孩子可能并不是十分理解，但是只要重复几次，孩子就会形成惯性，并试图对父母所做的、所说的给予理解。当不会说话的孩子，比画着问什么的时候，无论在什么情况下父母都要热情回答。如果抱冷漠态度，无疑会抑制他主动思索的欲念。

　　孩子会接触许多事物，大人要鼓励他大胆提问和多方设问，将孩子的看法、意见和求索性的反问引出来。孩子提出问题，能解答要及时给予解答，暂时不能解答的，要告诉他不能回答的原因。孩子提的问题，父母要充分肯定。

8. 婴幼儿的心理发展规律

婴儿是敏感的，从他落地的那一刻起，就与所面对的亲人、环境有特殊的情感联系，并会产生作为人所具有的各种心理活动。所以，宝宝除了有生理上吃好、睡好等要求以外，还需要有心理上的满足需求。

○每天都要有一个良好的开端。早晨这段时间虽然短暂，但宝宝却能在与父母短暂的相处中感受到亲切和欢快。

宝宝的心理需求之一是想和父母说说话。

起床时，要让孩子完全醒来，自然地看到他所熟悉的亲人的笑脸，亲切地问候他，再为他穿衣洗漱，不要催促他，并注意不要把大人的不开心带给孩子。2岁以后的宝宝，可以让他和父母同桌进早餐。当父母要去上班时，要拥抱或亲吻宝宝的脸，和他皮肤接触，以满足他的情感需求；并说上几句鼓励他的话，微笑着和宝宝说再见。

○想和父母说说话。3岁前的宝宝特别依恋父母，常想和父母亲近，说说玩玩。因此，父母下班回家后，应该花一点时间听听宝宝的述说、提问，并为宝宝念儿歌，讲故事，唱唱歌或和他做游戏。所花的时间并不多，父母自己可轻松一下，也能给宝宝带来快乐和安慰。

○陪孩子玩耍。有的父母很忙，日常生活中只顾及宝宝的物质需求，而忽视宝宝的情感需要。有时宝宝拿了玩具找父母玩或对父母说话时，父母往往用"你自己去玩吧"来敷衍，敏感的宝宝一心想和爸爸妈妈亲近，却遭受到父母的冷淡，会感受到难过和沮丧，发脾气哭闹也是难免的，这时爸爸妈妈埋怨宝宝不乖，其实原因就在于父母自己身上。因此要尽量多陪孩子玩耍。

9. 培养宝宝入睡的好习惯

新生宝宝的大部分时间都是在睡眠中度过的，但随着宝宝的成长，睡眠时间渐渐减少，到 1 岁半以后，每昼夜约需 13 小时，3 岁时，每昼夜保证 12 小时就可以了。同时，由于此时宝宝接触外界的机会增多，活动量增加，睡前比过去兴奋，不能很好入睡，对宝宝的健康会造成不利影响。因此，父母要耐心培养宝宝入睡的好习惯。

从小独睡的宝宝会自动安静地入睡。

首先，要合理安排好宝宝睡觉的时间。一般情况是，1 岁半以后的宝宝睡眠时间为晚上 9 点到次日早上 7 点，中午睡 2~3 小时。父母可以根据具体情况，适当调整。凡是养成按时睡眠好习惯的宝宝，入睡都较为容易。

睡前半小时不要让宝宝太兴奋。给宝宝洗干净手、脸，或洗个澡，如果宝宝的牙齿已经长全，就要开始教他刷牙。然后，给他换上宽松的衣服上床。如白天光线太亮可以拉上窗帘，晚上要关灯，形成安静的睡眠气氛。如果宝宝睡觉前还很兴奋，可以先让他静一下再睡。

一般来说，从小独睡的宝宝较易自动安静地入睡，但有很多宝宝习惯与爸爸妈妈一起睡，爸爸妈妈不妨先陪宝宝小睡一会，直至宝宝睡熟。

有的宝宝有夜间喝奶的习惯，随着年龄增长要逐步改掉。有的宝宝喜欢抱着自己心爱的玩具或小毛巾、嗅嗅小被头才睡得着，可以任其自然，如果勉强纠正，反而不妥。

睡觉时的护理很重要。宝宝刚入睡时会出汗，因此开始要少盖或不盖被子，待睡熟后，把脑袋上的汗擦干，再把被子盖好。要注意在宝宝睡觉时，打开气窗，使室内空气流通，但要避免风直接吹在宝宝身上。无论是午睡还是晚间睡眠，都要脱掉衣裤，穿适合季节的内衣或睡衣。如以衣代被或和衣睡眠，宝宝容易出汗、受凉而导致感冒。

总之，要采取符合宝宝自己特点的方法，培养他安静入睡的好习惯。宝宝在身体舒适、心理满足的情况下，自然会很快进入梦乡。

10. 培养宝宝的自尊心

宝宝从 1 岁开始，心理发展开始趋向成人，自尊心强的宝宝，有这样一些特点：比较活跃，善于表达自己的思想；善于与他人建立良好关系；在与人交谈中，乐于处在主导地位，而不愿意当听众；对各种问题颇感兴趣；深信自己的能力，并确信能做好任何自己想做的事情。

宝宝们高贵的自尊心来源于父母对他们的真正关心和尊重。

宝宝们高度的自尊心来源于父母对他们的真正关心和尊重。要培养宝宝的自尊心，可遵循以下方法：

首先，父母要帮助宝宝建立兴趣、爱好，比如带领宝宝一起画图画、听音乐等，也可以在日常生活中，语言刺激宝宝，如经常表扬电视上弹琴、唱歌、写字的小朋友等。

其次，父母也要善于关心、了解孩子的大部分朋友，能耐心地倾听孩子的意见，对孩子们的正当需要能及时给予满足。

再次，父母应该培养孩子良好的生活习惯、饮食习惯等，并教导孩子品行端正、遵守纪律，在要求孩子时可以比一般父母更为严格。当孩子犯了错误时，也不应该采取惩罚的手段来纠正孩子的错误行为，而应采取说道理等其他教育的方法。

最后，在家庭生活中，父母应用和蔼的态度、宽容的方法来引导孩子遵守家庭生活准则，当孩子对父母有异议时，父母总是能认真严肃地对待。

　　另外，有的父母当家里来客人时，都要求宝宝表演一些他擅长的东西，这对宝宝成长并不好。宝宝不想表演时逼他表演，会损害他的自尊心，最好是顺其自然。

　　总之，孩子们有高度的自尊心对他们成长有利，培养孩子的自尊心，父母的引导起到重要作用。

11. 1个月宝宝的交流方案

1个月的宝宝已经学会了一些技能：扶起身体时头能挺直；此时的视力约为0.01，可以看见眼前晃动的、色彩鲜艳的东西，有时能区分红色和白色，能分清明和暗，但还看不清远处的物体；情绪好的时候，如果逗他玩，他会注视你的脸，并报之一笑；能对距耳朵50厘米左右发出的铃声做出反应。

对宝宝说话，要尽量使用普通话。

○听音乐。当宝宝在吃奶的时候，妈妈可以给宝宝放一点轻音乐，播放一段旋律优美、舒缓的乐曲，以使宝宝放松。但注意播放时声音要调小，曲子不要多，一段乐曲一天中可反复播放几次，每次十几分钟，过几周后再换另一段曲子。此活动在宝宝出生几天后即可进行。主要培养宝宝的听觉、乐感和注意力，陶冶孩子的性情。

○看光亮。宝宝出生2周后，父母就可以与宝宝玩看光亮的游戏。具体做法是，用一块红布蒙住手电筒的上端，开亮手电。将其置于距婴儿双眼约30厘米远的地方，沿水平和前后方向慢慢移动几次。注意最好隔天进行一次，每次1~2分钟，不可不蒙红布用电筒直照婴儿眼睛。这个游戏的目的是吸引婴儿注视灯光，进行视觉刺激。

○看明暗。父母还可以与两周大的宝宝玩看明暗的游戏。方法是将一张与书大小差不多的白纸对折，将一边涂黑，另一边空白。当婴儿清醒时，就可将这张纸举在他眼前 30 厘米处，观察婴儿的眼球是否在黑白两个画面上溜来溜去。

〇和宝宝说话。与宝宝说话可在宝宝还在妈妈腹中时就开始进行。出生后，每当宝宝清醒时，妈妈就可以用缓慢、柔和的语调对他说话，比如 "XX，我是妈妈，妈妈喜欢你" 等。也可以给宝宝朗读简短的儿歌，哼唱旋律优美的歌曲。

要注意的是，出生 1 个月内的宝宝感官、身体都很脆弱，在和宝宝做游戏时，要注意做好保护。另外，对宝宝说话，要尽量使用普通话。

12. 2个月宝宝的交流方案

新生宝宝的成长是迅速的，60天以后，宝宝已经学会了俯卧，头抬起来大约能支持30秒钟；眼睛能清楚地看东西，能追随活动的东西，并能对眼前的玩具或人脸进行注视；表情也越来越丰富，如果逗他，他会兴奋地挥动双腿双臂，或者微笑，或者咕咕地叫；听见妈妈或其他亲近的人的声音会

训练宝宝用眼睛追随在视力范围内移动的物体。

停止哭泣；能够明确地表示出愉快和不愉快，不高兴时就会大声哭啼；会把小手送进嘴里吮吸。

下面为大家介绍几种与2个月宝宝交流的方法，以供新生爸爸妈妈参考。

○为他准备一些适合的玩具，然后挂在宝宝床的上方。比如在宝宝床上面约8厘米的地方，悬挂一个体积较大、色彩鲜艳的气球。妈妈在陪宝宝的时候，可以一边用手轻轻触动气球，一边缓慢而清晰地说："宝宝看，大气球！"或"气球在哪儿啊？"将宝宝的目光吸引到悬挂的玩具上来，训练宝宝逐渐学会用眼睛追随在视力范围内移动的物体。

要注意的是，悬挂的玩具不要长时间固定在一个地方，以免宝宝的眼睛发生对视或斜视；悬挂的物品也不要过重或有尖锐的边角，以防不慎坠落时伤着宝宝；悬挂的玩具或物品还应定期更换花样。

○手持色彩鲜艳的玩具，最好是可摇响的，在离孩子眼睛30厘米

远的地方，慢慢地移到左边，再慢慢地移到右边。让宝宝的头随着玩具做 180 度的转动，以训练宝宝的视觉、听觉和动作协调性。当孩子的头能朝左朝右各转动 90 度时，游戏即可停止。

　　○玩看脸游戏。爸爸妈妈要经常俯身面对宝宝微笑，让其注视自己的脸。然后，妈妈将脸转向一侧，轻声呼唤宝宝的名字，训练宝宝的视线随妈妈的脸移动。

　　○如果宝宝此时可以抓一些小的玩具等，爸爸妈妈要及时鼓励，以培养孩子的抓握能力。

13. 3个月宝宝的交流方案

3个月的宝宝，头能挺立，能稳定地俯卧，前臂不仅能支撑头部，还能挺起胸来；给他看图片或玩具时，会表示高兴，发出"哦"、"呵"、"嗳"等声音，或长声尖叫；熟悉的人逗他时，会发出很大的咕咕声，甚至是咯咯的笑声；想要抓东西，虽然还抓不好，但像花铃棒一类的小而轻的玩具，还是可以的。

培养孩子认识自己，从寻找物体方面入手。

〇照镜子游戏。妈妈把孩子抱到镜子前，一边对着镜中的孩子微笑，一边用手指着说："这是宝宝，这是妈妈。"然后拉着孩子的小手去摸镜子。这个游戏可以萌发婴儿认识物体、寻找物体的意识，还可以丰富其触觉刺激。但孩子情绪不好时，不要进行这个游戏。

〇试着学翻身。让孩子仰卧在床上，妈妈用手托住孩子一侧的胳膊和背部，慢慢往另一侧的方向推去，直到将孩子推成俯卧的姿势。停一会儿后，再帮助孩子翻回仰卧的姿势。妈妈可以一边帮助宝宝翻身，一边说"宝宝翻翻身"，"翻过去，翻回来"等等，这有助于孩子的听觉训练及情绪激发。但要注意，帮宝宝翻身时，动作要轻；对那些动作发育较快的婴儿，妈妈不必过多帮忙，可将玩具放在孩子的侧边，让孩子自己练习；孩子练习翻身时，妈妈或家人应守护在孩子身旁。如果孩子做这个游戏还有困难，可推迟到下个月进行。

○ 3 个月的孩子已经学会表达笑了，高兴的时候他还会自发地"咿呀啊呀"地"讲话"，这时妈妈应同样"咿呀啊呀"地去应答他，和他"对话"，使其情绪得以充分地激发。并且应该将这种习惯一直贯穿在孩子的成长过程中，这不仅是母子情感交流的好方式，也是对孩子最初的发音训练。

14. 宝宝四肢按摩的技巧

宝宝出生后，就应该给其按摩，不仅能促进婴儿血液的流通，还会使孩子产生一种愉悦感。给宝宝按摩首先要从四肢开始，因为温度以及环境等原因，新生宝宝不适合进行全身按摩。

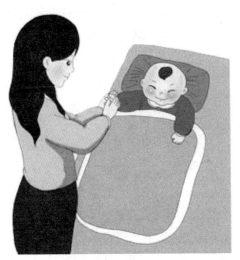

○手的按摩。四肢的按摩从小手开始。新生宝宝的手总是蜷缩着的，在按摩手的同时，可以轻轻地将宝宝的小手打开，用一根手指按

四肢的按摩从宝宝的小手开始。

摩掌心。如果太小，就只能进行手掌打开、闭合的游戏。

○胳膊及腿的按摩。胳膊与腿部的按摩方法大致相同，这里介绍腿部的按摩。将宝宝平放在床上，轻轻沿左腿向下抚摸，然后手轻柔、平稳地滑回大腿部，再从宝宝的腿部向下捏到脚。可两只手同时捏，也可一只手握住宝宝的脚后跟，另一只手沿腿部向下捏压、滑动。然后，再用同样的方法按摩另一侧。按摩时，宝宝可能会有踢脚的反应，这是愉悦享受的表现，也有利于宝宝协调自由地运动，不要加以限制。要注意的是，按摩时，不要引起宝宝颈部的不适。同时，定时让宝宝的脸侧向不同的方向，总朝一个方向对大脑的神经中枢不利。

○脚的按摩。先用拇指以外的四指指肚绕着宝宝的脚踝抚摸；接着一只手托住脚后跟，另一只手拇指向下抚摩脚底；再把四指聚拢放在宝宝的脚尖，用大拇指指肚抚摩脚底，可以稍微加一点力，但其他手指不能用力；然后用拇指以外的四指的指肚，沿脚跟向脚趾方向，在脚底按摩，可稍稍用力，并保持平稳。每次按摩到脚趾时，手指迅速回到脚跟，再根据上述步骤继续下一次按摩。在适当的时候，也可以拍打两下宝宝的脚掌，这也是极好的促进血液循环的方式。

　　○脚趾的按摩。从小脚趾开始，依次轻轻转动并拉伸每个脚趾，然后再重复按摩脚部。另外，在腿和脚的按摩结束后，应让宝宝翻身俯卧。

15. 宝宝躯体按摩的技巧

宝宝稍大一些就可以进行躯体按摩，包括面部、背部、腹部以及臀部等。

○面部按摩。对着宝宝的脸，先用拇指指肚在前额轻柔地抚摸，然后抚摸宝宝的鼻子，再在嘴巴周围轻抚几下，最后抚摸双颊，沿颚骨周围轻揉。按摩时，要注意避开宝宝的眼部，不要让按摩油进入宝宝的眼睛；在结束前，应向下多抚摸几次前额；结束后，千万别忘了要给宝宝一个亲吻和拥抱哦！

把注意力集中在手上，保持力度的均匀。

○背部按摩。按摩时，捧住宝宝的头，五指并拢，在肩膀和背部来回抚摸，保持力度的均匀。对于新生儿，只用双手交替从脖颈轻柔地滑动到臀部，重复几次就可以。这时的技巧是把两拇指放在宝宝脊柱的两侧，双手的其他手指并在一起，按住宝宝身体两侧，拇指带动其他手指上下滑动几次，同时小心注意感受两拇指之间的脊椎骨，不要用力按压脊椎。

○腹部按摩。宝宝脐带脱落后就可进行腹部按摩。用指尖或手掌，沿顺时针方向（也是肠蠕动的方向）轻轻抚摸宝宝腹部，注意手掌尽可能放平，同时注视着宝宝的脸。按摩到宝宝肚脐部位时，左右手交叉，用指肚沿宝宝肚脐周围画圈。

做腹部按摩时要注意宝宝是否有不舒服的反应；动作要特别轻柔，因为膀胱就在这个部位；不要离肚脐太近，否则会引起宝宝的不适。

○小"屁屁"也要按摩。按摩时应注意避开皮肤发炎的部位及宝宝的肛门。用"轻捏、拉伸、放松"这三个动作揉按臀部的肌肉，整个过程只用五个手指就可以了。

按摩油的使用注意事项：只能用基础油，除非有特殊情况，否则千万不能使用精油；8个月大时，可采用20毫升的基础按摩油加入1滴柔和的精油按摩；1周岁后，身体按摩可以采用30毫升基础油加3滴精油；在宝宝三四岁之前，最好不要把油擦到他的脸上。

16. 4个月宝宝的交流方案

4个月的宝宝，头部已能很好地竖直，也能随意地左右转动；俯卧时，会向两边摇动，并可从一侧翻滚向另一侧，少数孩子甚至会翻身；手也能够准确抓住能摸到的东西；能放声大笑，也能明显地表示出喜怒哀乐之类的情感。

与前一个月相比，宝宝的学习能力、精神发展已经有了质的飞跃，因此交流方式相对也要活泼一些，可采取跳一跳、逗逗飞、抓手帕、儿歌等方法，均有益于宝宝的身心成长。

在玩的过程中，妈妈要注意扶好宝宝。

○跳一跳。父母可以双手扶着宝宝两侧腋下，让宝宝站立在床上或大人腿上。父母一边说"好宝宝，跳一跳"，一边扶着他上下跳一跳。在玩的过程中，父母要注意扶好宝宝，防止摔着。

○逗逗飞。让宝宝背靠在妈妈怀里，妈妈双手分别抓住孩子的两只小手，教他把两个食指尖对拢又水平地分开，嘴里一边说"逗逗——飞"，如此反复数次。还可以分别用其余手指对拢又分开玩此游戏。

○抓手帕。让孩子仰卧在床上，妈妈将一块干净的小手帕蒙在孩子脸上。开始时，孩子被手帕挡住视线，会手脚乱踢或哭闹。这时，妈妈握住孩子的小手帮他把脸上的手帕抓下来，并说："看，手帕抓下来啦！"反复多次以后，孩子能够逐渐学会自己把手帕从脸上抓下来。

○儿歌。妈妈在每天哄宝宝睡觉时，都可以一边轻拍孩子，一边低声而缓慢地吟诵儿歌。如"宝宝疲倦了 / 我把摇篮摇 / 宝宝整天玩 / 累得要睡觉",也可以轻轻哼唱《摇篮曲》给宝宝听。

〇逗笑。笑对孩子的身心发育很有益处。妈妈可以把孩子抱在怀里,一边念儿歌,一边伸出食指有节奏地轻轻点逗孩子发笑,但要注意不要触脸。

〇多与其他小朋友接触。让孩子观看其他小朋友玩耍,父母应不断地和他说话:"看,这是小姐姐,他们在跳皮筋呢。"

17.5个月宝宝的交流方案

可以通过找声源、看远处的物体、藏猫猫、学动物等方式与宝宝交流，促进宝宝的认知发展，提高身体运动及语言的协调能力。

○找声源。在房间某处将玩具弄出声响，同时说着："宝宝听听，哪儿响啦？"如果宝宝没有反应，可再重复发出声响，直到宝宝注视声源处为止。要注意的是，声响应从强到弱，由近到远，方向也要经常变换，以引起宝宝兴趣。

开始指认远处的行人、车辆、天上的白云、风筝、初升的月亮以及落日等远处的物体。因为此时宝宝的视力已大大增强，可以看到远处的物体，就及时训练。

○捉迷藏。让宝宝躺着并注意妈妈的脸，然后用手帕蒙住自己的脸，一边说"妈妈呢？"一边把手帕拉开露出脸，说："妈妈在这儿呢。"反复玩几次，然后，再把手帕蒙在宝宝脸上，又忽地拿掉，如此反复逗宝宝笑。此外，妈妈还可以躲到某一东西后面，然后又突然探出头来，说："妈妈在这儿啦。"

○学小狗。帮助宝宝趴下，使其用双手和膝盖支撑住身体，逗引宝宝把头抬到90度。然后，一边喊着"小狗来了"，一边推动宝宝的膝窝向腹下，再拉回。然后同此推另一条腿。或者让宝宝俯卧在大床上，在宝宝的

训练宝宝听力及听觉定位能力。

前方放玩具，逗引他伸手去抓，诱使他用手臂支撑身体，学爬行。需要注意的是动作要轻柔，幅度要慢慢增大。如果宝宝玩此游戏还有困难，可推迟进行。

另外，此时可以让宝宝自己玩。用被子把宝宝"围"起来，或者把宝宝放在带围栏的小床里。在宝宝面前放上各种玩具，让宝宝玩个够。间或，妈妈走过去，帮他把玩具弄出声响来，再把玩具放到不同的地方，逗引宝宝变换体位，抓握玩具。

18. 6个月宝宝的交流方案

宝宝6个月大时，玩具的选择非常重要：要有可玩性，并具启发性，不一定要结构复杂，越简单的玩具反而创意越高；玩具要选适合的，不是越贵越好；一次不要选太多，这样会分散宝宝玩玩具的注意力和专注力；玩具结实耐用，假如有破损或故障，可以得到保修保换。

玩具能让宝宝学习新技能。

此时可以与宝宝进行找积木、撕纸、叫名、点头的游戏，达到锻炼肌肉、丰富认识及增强对语言的反应能力的目的。游戏时注意防止误吞误食现象。

○找积木

妈妈坐在桌子跟前，让宝宝站在妈妈腿上，把一个小巧的积木扔到桌上，在宝宝的注视下，将杯子扣在积木上面，然后有意识地将宝宝的右手接近桌子。如果孩子把杯子拿起来了，游戏就算完成了。

○撕纸

6个月的宝宝开始对纸制品感兴趣，可以给宝宝一些干净的纸让他撕，纸张可以由薄到厚，由小到大。玩过几次后，妈妈可以把纸撕成三角形、圆形或方形，摆在宝宝面前给他看。

○叫名儿游戏

用相同的语调叫宝宝的名字和其他人的名字，当宝宝回过头来现出笑容时，表示领会了。此时妈妈要说"哦！对啦！你就是某某"，"宝宝真聪明"之类的话，同时把孩子抱起来，贴贴他的小脸。如果宝宝对叫声没有反应，就要耐心地反复地告诉他："某某，你就是某某呀。"但宝宝情绪不好时不可以进行该游戏。

○点头

可以使宝宝面对自己，叫"宝宝，看看妈妈"，然后开始上下有节奏地点头，观察宝宝是否也在轻轻地点头。只要他稍微有了动作，就说明他是在模仿妈妈的行动，然后妈妈把点头的幅度增大，看他是否也会模仿。注意这个阶段的宝宝只能用头部进行大致的模仿。用身体其他部位进行模仿还要经过相当一段时间。

19. 5~6个月宝宝技能发展情况

当宝宝长到5~6个月的时候，是其真正开始适应这个世界生活的时候，他所表现出来的好奇心与求知欲是人生中最强的，并且宝宝活泼、可爱的天性也逐渐显露出来，技能也有了飞速的提高。

5个月的小宝宝头可以自在随意地活动了，肌肉有了一定的发展；趴下时，胳

5~6个月的宝宝开始认生。

膊能支撑上身，抬起头注视前方；而抱起时，腿支撑着，身体能保持直立的姿势，并且可以独立从俯卧位翻身成为仰卧位。此时的他，抓握能力也有了新的进步，能用手去抓想要的东西，而且可以从一只手换到另一只手里；当父母两手在他腋下扶着的时候，他能在大人的腿上一蹿一蹿地跳。

在意识发展上，5个月的宝宝可以确切地辨认出自己的父母了，当其他人抱他的时候，他会根据自己的意愿，表现出高兴、无表情或者不愿意的样子。此时他的表情系统更加丰富了，能明确地表现喜欢和厌恶的情绪，不高兴时就大哭，高兴时就大笑。更重要的是对自己也有了一定的认识，比如能看着镜中的自己发笑等。

然而，5个月对宝宝学习来说，毕竟是一个比较短的时期，所以此时他还不能独坐，而且他可以牢牢地抓住一件物品，但还不能及时地扔下抓住的东西。

到 6 个月时，他已经能够翻身，睡眠时不自觉地改变体位，手的活动增多，能准确地抓取东西，摇晃东西，可以保持坐的姿势；头部已能很好地竖直，也能随意地左右转动；呈俯卧时，会向两边摇动，并可从一侧翻滚向另一侧。能放声大笑，能明显地表示出喜怒之类的情感；同时也开始认生，见到陌生人会感到害怕，甚至哭泣，但也有一部分孩子不认生。

20. 教宝宝做抱摆操

当宝宝小的时候，抱摆操是父母最好的选择。抱摆操分为横托摆和竖托摆两种方式。

横托摆是父母采用横托抱方式的摆动。具体做法是，妈妈站立或立跪，左手托住宝宝颈肩部，右手托臀部，做横向摆。可以根据宝宝的适应情况逐渐加快速度，通常随着妈妈双手距离的加大，宝宝会反射性地挺胸，当不挺胸时，妈妈应缩短双手距离。

0~4个月的宝宝，可以教导他做抱摆操。

该操适合0~4个月的宝宝（出生第一天即可做），可以刺激骶脊肌及背部肌肉，使宝宝躯干挺直。同时也能刺激宝宝大脑前庭，提高宝宝的身体平衡自控能力。

竖托摆是指妈妈左手托住宝宝的背、肩、颈，食指、中指分开，托住宝宝头的下部，右手托住其臀部，手指托住腰部，使宝宝保持腰板挺直；右手放在宝宝两腿之间，左手向上托使其从水平状态过渡到45度，也可随时改变角度，以腰部的旋转带动手臂，随着宝宝的适应逐渐加大幅度。也可以采用妈妈竖托抱着宝宝，双脚前后站立，腰部前后运动，带动手臂，使宝宝沿身体的纵轴运动的托摆方式。

该操适合于0~4个月的宝宝，可刺激宝宝的运动感觉，使宝宝开始了解肢体的位置与运动的感觉，同时，也刺激眼肌，开发宝宝的视觉学习能力。

在宝宝睡醒后，还可以让宝宝做俯卧练习。让宝宝俯卧在稍硬的床上，两臂屈肘在胸前支撑身体。大人在婴儿面前用温柔的声音和他说话，摇晃着鲜艳的、带响声的玩具逗引他抬头。开始时，只练30分钟，以后逐渐延长时间，每天一次即可，但不要让宝宝感到疲劳。这样能训练婴儿抬头，能锻炼颈肌、胸背部肌肉，还可以增大肺活量，促进血液循环，有利于呼吸道疾病的预防，并能开阔宝宝的视野。

21. 新生儿听觉的训练

听觉是分辨声音的起点，也是语言学习的基础，对幼儿智能发展十分重要，所以父母应十分重视新生儿的听觉训练。

当宝宝还是胎儿的时候，他的听觉系统就已经发展了，出生后很快就可以利用在胎儿期积累起来的经验，去对周围丰富多变的声音世界进行探索。新生儿出生后几分钟就有听觉反应；

将音乐盒藏在一个地方，让孩子自己去找。

出生后 2~3 天就能对不同的声音建立起条件反射；5 天就能辨别声音的位置，而且表现出对声音集中的现象，即听见声音就能完全停止他正在进行的动作。6 个月到 1 岁时，是听觉发展的黄金时期，父母可以多给一些语言及声音上的刺激，因为宝宝在此时接受的刺激，会逐渐储存在脑中，之后这些熟悉的记忆就会化成他说话或发声的能力。

从胎教开始就可以给宝宝试听一些音乐，当婴儿出生以后，还可以玩有响声的玩具。它可以训练孩子对声音的敏感度，同时也能练习注意力集中能力。

妈妈还要经常跟新生儿小声谈话、唱歌或低声哼唱。虽然他还听不懂，但却为他创造了一个训练听力和语言能力的好机会，并通过这种交流方式进行母子感情的交流。

父母还可以先示范"拍拍手"给孩子看，让孩子模仿你，或者一直连续拍手后忽然停止，看孩子的反应。

从小就给孩子听音乐盒的铃声，让他熟悉，待孩子8个月后会爬时，将音乐盒藏在一个地方，让孩子自己去找，看孩子会不会在音乐停止前找到。用这种方法训练孩子的听力系统，寓教于乐，不仅唤起了孩子学习的兴趣，而且无形中增加了孩子与父母之间的感情。

另外，要发展听觉，耳朵的保护也很重要。在帮宝宝洗澡时，尽量不要让水进入耳朵，以免形成中耳炎。当然也不要让孩子常用手抓耳朵，否则容易导致细菌感染。

22.7个月宝宝的交流方案

7个月大的宝宝，差不多已经学会坐了；能坐在小椅子上或爸爸妈妈身上吃饭；能用双手握取东西，以及用双手将手中的物体对敲；喜欢把玩具放进嘴里，还常常吸吮手指，啃脚趾；能模仿成人一些简单的动作。

7个月的宝宝可以进行适当的爬行训练。

在神经思维方面发展更趋向完善，他会寻找声音的来源，会重复地发出一些音节，有的婴儿已能明白"爸爸""妈妈""没有""再见"等词的含义。对陌生人会有防备感，如果在外面就会更加认生。发育快的婴儿，7个多月就能用肚子贴在床上爬行，会以胳膊为支点转圈或后退。

针对这样的宝宝，父母与宝宝的交流方式可以由以前的单方面刺激，转向互动性比较多的游戏。

○帮助宝宝学习爬行。让孩子俯卧在床上，双臂支撑住身体，妈妈用手推着孩子的双脚掌，使其借助妈妈的力量向前移动身体。每天反复练习几次，经过多次练习，孩子很快就可以学会爬了。要注意的是，开始抓孩子的脚关节时，不能用力过快过猛；孩子会爬以后，要注意把家中不安全的物品收藏好，以免伤着孩子。

○戏水，一般是宝宝的最爱。戏水可使孩子获得有关流动、漂浮等的感性知觉，对孩子的发展有益。因此，在夏天给孩子洗澡时，不妨在水盆里放些软木塞、塑料玩具、小皮球之类的玩具，让孩子坐在水盆里边洗边玩耍。

○玩捡豆豆的游戏。在宝宝面前放一些干净的大豆，让孩子用手去拾。如果宝宝不会，可以在开始时加以引导，以训练孩子拇指与食指对捏的精细动作和手、眼的协调能力。但游戏时妈妈或家人一定要在一旁照看，以防孩子将蚕豆吞入口中。

○骑大马。让孩子骑在妈妈膝头，一边将双腿有节奏地上下颠动，一边说："骑大马，呱哒哒，骑马下地看庄稼，高粱笑红了脸，大豆乐开了花……"

23. 8个月宝宝的交流方案

○帮助宝宝学习站立。可以让宝宝抓住妈妈的大拇指，妈妈轻轻地把他从躺卧位拉到坐位，然后再拉他慢慢站起。每天练习几次，以增强肩、胸的活动能力。待孩子能站立后，可以在床栏上挂些玩具，吸引宝宝站起来取玩具，但妈妈应在旁边帮忙和照顾。另外，可以让宝宝在床上站好，从旁边或

用玩皮球的方法，促使孩子熟练爬行动作。

前边轻轻地推他一把，使他失去平衡，再用另一只手准备扶住宝宝，防止他跌倒。要注意的是宝宝站立时间不宜过久。

○用玩皮球的方法，促使孩子熟练爬行动作，活动全身各部肌肉。妈妈把皮球从床的这边滚到床的另一边，或者把小鸭子从床的这边拉到那边，引导宝宝爬过去把皮球和鸭子抱起来，用手拍打大皮球，但是要注意不要让宝宝太靠近床边，以免宝宝摔下床。

○碰碰头游戏。扶着宝宝的腋下，用自己的额部轻轻地触及宝宝的额部，并亲切愉快地呼唤他的名字，说："来，我们碰碰头。"重复多次后，当你头稍向前倾时，他就会主动把头凑过来，并露出愉快的笑容。这样可以促进语言与动作的联系，引起愉快情绪。

○训练宝宝分辨事物的能力，可以用挑绳子的方法。妈妈抱宝宝坐在桌前，桌上放着两根绳子，一根绳系着玩具，一根没有，让宝宝自己选择拉哪根绳。经过多次反复，宝宝就可以分辨出哪条绳上有玩

具，哪条绳上没有，并很快地把玩具拿过来玩。

　　○敲击东西。此时宝宝喜欢拿着物品东敲西击，可以给宝宝准备一些罐头盒、塑料碗、小木板之类的东西，让宝宝拿着小木棒敲敲打打，训练宝宝手的灵活性，感受不同质地的物体发出的不同声响。

24. 9个月宝宝的交流方案

9个月的宝宝，能到处爬行；懂得摇头表示不愿意，摆手表示再见；听到别人叫自己的名字会做出反应；经常模仿发音，会重复"妈妈"等音节，有的还会发出"把把""奶奶""大大"等音节；能用拇指和食指捏小东西，能投掷东西；有很多宝宝能扶着东西站起来，也有的宝宝完全不会爬，从会坐直接到会站立；喜欢模仿了，这是一个飞跃。

多和孩子接触，多说话，以刺激他的神经发展。

此时的宝宝交流方案可以有以下方式：

〇弯腰拾物以帮助言行结合。

让宝宝一手扶着栏杆站稳，在他脚前放置一个他喜欢的玩具，引导孩子弯腰用另一只手拿起玩具，同时对宝宝说："拿拿。"反复几次以后，让宝宝学会一听到"拿拿"就弯下腰去。如果宝宝一时弯不下腰，妈妈可以让宝宝脸朝玩具背靠自己站在床上，双手抱住宝宝腰部，然后让宝宝弯腰拿起玩具，再直起身来，以训练宝宝"听懂话"，把词和动作结合起来。

〇讲故事以促智力开发。

给孩子买一些构图简单、色彩鲜艳、内容有趣的画册。在宝宝有兴趣时，一边翻看，指点画册上的图像，一边用清晰而缓慢的语调给他讲故事。同一个故事应当反复讲。这是促进其语言与智力开发的好办法，无论宝宝是否能够听懂，妈妈一有时间都应绘声绘色地讲给宝宝听，培养宝宝爱听故事，并对图书感兴趣的习惯。如果这时宝宝不愿意，可以过一段时间后再试。

○找东西以培养宝宝的活动能力。

妈妈可以当着宝宝的面，把一些物品包起来，然后交给宝宝说："哪儿去了？宝宝，把它找出来！"宝宝会翻弄纸包，把纸撕破，最终看见物品出现了，宝宝会很高兴。然后妈妈再用另一张纸把物品包好，然后又慢慢打开纸包，把物品拿出来，多次重复这一动作给宝宝看，然后让宝宝自己学会不撕破纸，就能取出物品。

25. 10个月宝宝的交流方案

10个月的宝宝，能从仰卧姿势翻身站起，也能抓住东西自己站起来，多数能独自站立10秒钟以上，站立时身体能向左右旋转90度；手的动作更加自如了，能推开门，会按电灯开关；能辨认常见的物品；辨别成人情绪的能力也有所增强；大声

10个月的宝宝可以培养一些语言能力。

呵责他，他会悲伤欲哭，表扬他时，则喜形于色；有了占有欲，自己的玩具不轻易给别人玩；很喜欢重复别人的声音，但总说不好；能听懂并执行成人对他的简单指令等等。

此时可以通过找玩具、踢皮球、装豆豆、套环等方式与宝宝交流，同时也培养其协调能力、记忆力等。

〇找玩具。把球、积木、布娃娃、画册等物品放在桌子上，让宝宝坐在中间。当宝宝伸手要取某个玩具时，就挡住他的眼睛，把玩具换个地方，再让他去拿这个玩具。重复五六次，如果宝宝能拿对这些东西的一半以上，就表明宝宝智力发展很好。

〇踢皮球。在地上放一只皮球，妈妈站在孩子身后，用双手扶住宝宝的腋下，引导他往前走，带他去追踢地上的皮球，待球滚开后，让他再去追，以此来促进宝宝腿部骨骼和肌肉的发育，激发宝宝练习走路的兴趣。

〇装豆豆。此时宝宝很喜欢捡东西，可以把一些豆子放在小玻璃瓶里，先让宝宝把豆子倒出来，再让他用拇指、食指把豆一粒粒地装

进瓶里。一开始宝宝可能做不好，捡的东西可由小到大慢慢来。但小东西须防止误吞。

○套环。给宝宝一个或几个直径为 10~15 厘米的塑料圆环，引导他用圆环套自己的小手或套自己的小脚，以此来锻炼宝宝手的灵活性。

另外，此时可以训练语言与动作的结合能力。当家里有人要出门，一面说"再见"，一面挥动宝宝的小手，向要走的人表示"再见"。

26. 如何与宝宝玩游戏

好奇心和求知欲促使宝宝进行各种游戏。游戏是宝宝生活中重要的一部分，并与宝宝的发育有关。

有的家长对宝宝担心过度，这样有危险，那样做不卫生的，样样禁止，使宝宝缺乏主动；有的家长心切，

真正的游戏是宝宝发自内心意愿做的。

很早就开始给宝宝教各种知识，使宝宝缺少自由玩耍的时间；尤其在城市，宝宝之间也很少交往，只会待在家里看电视，减少了集体游戏的机会，因此，许多宝宝不会玩游戏。

真正的游戏是宝宝发自内心意愿做的，并伴随有快乐的心情。有些父母或老师习惯于告诉宝宝"我们画画""我们唱歌"，或者递给宝宝一些玩具，说"你们玩这个"，然后提出一些指示和要求，让宝宝开始玩。这些所谓的游戏很难使宝宝产生兴奋的心情。所以父母和老师应尽量地让宝宝自由自在地游戏，大人只是起指点的作用，最好做到以下几点：

○父母应尽可能让宝宝有更多的时间玩游戏。

○为宝宝准备可以自由活动的场所，让宝宝愉快地玩耍，最好经常和小朋友一起玩。不要担心小朋友之间的争吵和不愉快，宝宝们正是从与同龄人玩耍中学会如何与人相处的。据研究显示，宝宝在同龄人学习的效率要比父母、老师教导高得多。

○现在的宝宝活动明显减少，应多进行运动性游戏。户外活动容易引起宝宝的兴趣，高山、大海、原野都可以引起宝宝强烈的好奇心

和兴奋感，他们会尽情地玩耍，因此，尽可能鼓励宝宝进行户外活动。

另外，可引导宝宝自己动手制作玩具，如叠元宝、缝沙包等，既玩得有趣，又促进了大脑的发育。

27.11个月宝宝的交流方案

　　11个月的宝宝，已经学会了独自站立，会弯腰下蹲，能扶着东西行走，牵着手让他迈步时，他会交替出脚；吃饭时会握住小勺吃力地往嘴里送；会用拇指和食指灵巧而准确地捏住小东西；喜欢用笔乱戳乱画；把球投给他，他会投回来，但投得不准；在语言上，大多数还不会说话，但对语言的理解能

教导宝宝学认人。

力已经很强了，有的能模仿大人说一两个字的词，如"爸爸""妈妈""奶奶"等。种种迹象都表明，宝宝是长大了。

　　提高宝宝的语言能力。可以对着人，一遍遍地教孩子学叫"爸爸""妈妈""叔叔""阿姨"等。注意父母的发音一定要清晰而缓慢。当孩子说出时，要及时鼓励。

　　让孩子掌握物体之间以及物体特性之间的最简单的联系，发展最初的思维活动。可以准备一个杯子和大、中、小三个盖子，其中只有一个盖子是合适的。先教孩子盖杯子的动作，然后再把三只盖子都给他，叫他"看用哪个盖子把杯子盖好"。孩子在反复盖上取下后，终于选中了合适的那个时，妈妈要给予表扬。

　　有意识地发展孩子的注意力和观察力。可以把一些构图简单、色彩鲜明的画面从旧杂志上剪下来装订好，制成一本"专用画册"给孩子看。看时，每张画面可停留7~8秒钟，并配以简单的讲解。经常翻

看至十分熟悉时，可让孩子按照父母的指令去翻找画册。但如果孩子实在不愿看画册，这一游戏可推迟进行。

让孩子初步了解物体空间位置的关系。可以玩"尺子过夹缝"的游戏。让孩子站在带镂空的椅背后面，叫孩子通过空当把竖放的尺子拿过来。孩子可能抓住了尺子，但不知道尺子横过来才能通过空当。拿不过来时，妈妈再教他，直至顺利拿过来。可多重复几次，再换别的长形玩具，让孩子自己动动小脑筋把它取出来。

28. 1岁宝宝对哪种游戏更有兴趣

1岁的宝宝，可以站着把两手高高举起，能一只手被人领着走路，有的宝宝甚至已经能独自走几步了；会从玩具箱里把玩具拿出来和放进去，爱乱扔东西；语言发展好的宝宝已会说儿个词了，会有意识地叫"妈妈""爸爸"；会用简单的动

有关形象思维的游戏，深受宝宝喜爱。

作或手势表达自己的要求，并喜欢"拒绝"成人对他的要求。

此时，有关形象思维的智力游戏，深受他的喜爱。如拼板游戏，可以把硬纸板剪成不同形状的小板块，一边剪一边说出小板块的形状名称，如三角形、方块等，然后把它们放进小槽里，再让宝宝一个个取出来。要重复多次，直至听到名称能正确拿出相应的板块。

练习走路。给他一个小玩具让他抓在手里，以增加安全感。你先后退几步，手中拿着一个新玩具逗引，鼓励他向你走来，快走到时，你再后退1~2步，直到他走不稳时才把他抱起来，要对他的勇敢、顽强大加赞赏，并把玩具给他，和他玩一会儿。

此时对语言的发展也特别感兴趣。可以给宝宝念押韵且易发音的儿歌，如"小娃娃，甜嘴巴，喊妈妈，喊爸爸，喊得奶奶笑掉牙……"。念时，故意加重每句最后一个字的语气，并将前面的字拉长，念成"甜嘴——巴"。你紧接着说："宝宝，说，巴——"然后你再念一遍"甜嘴——"，故意不说出"巴"字，等着他说出。如此反复进行，使他逐渐能跟着你把最后一个押韵的词都说出来。

可以发展宝宝关于数的概念，父母可以在给宝宝拿饼干、香蕉、糖果等食物吃时，只给他 1 块，并竖起食指告诉他，"这是 1"，要让他模仿你竖起食指表示要"1"块后，再把食物给他，并大加赞赏。以后只要给他食物时都要让他先竖起食指表示要 1 块，才将 1 块食物给他。

另外，此时爸爸妈妈也可以通过模仿小动物的叫声，来帮助宝宝认识小动物。

29. 宝宝个性特点大分析

据研究，1岁左右的宝宝开始形成自己的个性，按照他们在日常生活中的性格表现，可分为三类：

○听话型。大多数婴幼儿都属此类。他们很快便能为自己建立起惯性的生活程序，很容易接受大人对他们的照料方式，对于新环境、新事物、新接触的人，都能愉快而轻易地适应，极少为父母和照顾者带来麻烦。

○慢热型。对外界事物的反应比较缓慢，个性偏向羞怯。对于外来的刺激，初步的反应多数是略有

1岁左右的宝宝开始形成自己的个性。

保留，情绪较为波动，必须经过较长时间才能逐步适应。

○调皮任性，难以服侍型。不论进食还是睡眠都不容易养成规律性的习惯。对于新的食物或任何新的活动，都不容易适应接受，尤其爱哭，令人心烦意乱。

对于上述不同类型性格的婴幼儿童，应采取不同的交流方法。听话型的，哺养工作相对轻松，但不要因其听话，便忽略了他真正需要的爱，以及各种有益的活动。慢热型的，不要因他反应迟缓而感到气馁，而应给予更多的诱导，付出更大的耐心。假如有一个"顽婴"，那就得付出极大的耐心，对他的要求做出弹性的反应，避免他做出"恶行"。

另外，在家庭交流人选上，也不要偏颇。对宝宝来说，与父亲的交流和母亲同样重要。以往认为，母亲是天生的养儿育女的不二人选。

近来的研究却发现，有些宝宝的依附对象不是母亲，反而是父亲。父亲的谈话、游戏风格不同于母亲，他们会刺激幼儿产生更多的探索行为，也能使孩子更为活泼。父亲也参与宝宝的交流工作，可使孩子更为聪明，学习能力也能进一步提高。

30. 宝宝受压抑，你知道吗

通常孩子有以下行为时，表明孩子受到压抑了。

○睡眠不安

夜晚对孩子来说是恐怖而难以捉摸的，当父母把宝宝单独放在房间里时，他会很自然地感到焦虑。如果你的宝宝总是在夜晚突然惊醒、大哭，那一定是有什么事情在困扰着他。父母不妨暂时不要让他单独睡，要给他充足的安全感，这有可能会改善他的睡眠。

○ 经常无理由地哭泣

通常，孩子哭泣是由于饥饿或疲劳引起的，但哭泣也是减轻压力的一种自然方式。

○总爱生病

如果你的宝宝总是感冒、呕吐，但又没有任何外在的症状，那么他可能就是精神紧张。爸爸妈妈应该从心理方面给宝宝释压。

○不爱吃饭

如果出现厌食，往往是孩子的情绪出了问题，父母应认真对待。如果对此忽视，就有可能发展成饮食节律紊乱。作为父母此时千万不要强迫宝宝吃饭，而是应该经常改变饭菜的种类，鼓励孩子帮你准备他们爱吃的饭菜。如果他在饮食方面的不良倾向持续很长时间或体重减轻很多，应及时看医生。

受到压抑的宝宝在身体上，会有明显的反应。

○爱打、抓人

近年来研究发现，语言能力有限的孩子，减轻压力的唯一方式就是咬、激怒或欺负他的玩伴。造成这种行为的原因虽然和电视上的暴力情境不无关系，但孩子的愤怒更可能源于心情压抑，这就是说，你应该尽量少地告诉他做什么以及如何做，否则只能增加他的压力。因为孩子需要无忧无虑地玩耍，做自己想做的事。

○在情绪上与以往有很大差别

如果你家宝宝一向是活泼的、爱动的，可是突然有一天，他总是霸着你不放，哪怕你走一步，他都要大喊大叫，甚至是恐慌地哭泣，说明你家宝宝正在遭受着心理的变化和压力。因此不要以为宝宝在撒娇，在无理取闹，应该认真地陪他，并告诉他爸爸妈妈会一直陪他，让他放松心情。

31. 教会宝宝自己玩耍

4~6 个月的宝宝，基本就能够移动自己的身体了，手的动作就有了一定的发展，会抓握玩具，并对有响声的玩具表现出兴趣。但此时婴儿手的动作发展还很差，还不能独立地玩玩具。

父母可以把一些有特点的、色彩鲜艳的、有响声的玩具挂在小床的上方，让宝宝伸手可以触到，如铃铛、

玩具挂在小床的上方，让宝宝伸手可以触到。

一握即响的小动物等，这样比较容易吸引宝宝的注意力。开始的时候，父母可以拿着玩具给宝宝看，摇给他听。反复几次后就可以把玩具放在婴儿手里，教他自己玩，并以赞赏鼓励的话语，强化婴儿的动作。

此时，父母需要注意的是，这个阶段的宝宝对毛绒一类有特殊的恐惧感，所以最好不要给宝宝买毛绒玩具。

到 7~8 个月时，宝宝会表现出敢动的独立性。他积极地探索周围环境，简直是见什么抓什么，抓什么就咬什么，不喜欢大人对他的摆布和限制。

此时也是培养宝宝独立性的最好时机，可以让宝宝自己玩一会儿，避免养成缠人和严重依赖性等不良行为习惯。

让宝宝自己玩，父母要时刻保证宝宝安全；要精心为宝宝选择和提供合适的玩具，为宝宝创造一个他乐于探索的环境；同时，要在精神上予以支持和鼓励，及时用语言和非语言相配合的方式，鼓励宝宝。

当然，宝宝的注意力集中时间还不长，1 岁的孩子，最多能自己玩 15 分钟，如果有一个小伙伴陪同，最多能再玩 5~10 分钟。所以父母一定要有正确的认识和心理准备，不要让宝宝自己玩太久。

32. 教会宝宝使用餐具

宝宝从 6~7 个月开始，就对手抓食物很感兴趣了，爸爸妈妈可以训练宝宝自己抓东西吃。10 个月时，宝宝的手指比以前更加灵活，大拇指和其他四指能对上指了。因此，宝宝基本可以自己抓握餐具，取食，已经具备了自己吃饭的能力了。

10~12 个月是宝宝开始学习自己进食的最佳时机，此时让宝宝自己动手吃饭，

要为宝宝准备一套小餐具和餐桌椅。

可以增加宝宝对吃饭的兴趣，有利于培养宝宝良好的饮食习惯。

○要培养宝宝使用餐具的能力，首先就要为宝宝准备一套小餐具和餐桌椅。宝宝的餐具应当不怕碰撞，不易破碎，并且无毒、无害。餐具和餐桌椅的边缘最好要钝一些，以免宝宝在吃饭的时候磕碰到。

○餐桌椅位置应该相对固定。刚开始时，宝宝可能会搞得桌子上、地上都是饭菜，父母不能因此而剥夺了宝宝自己学习吃饭的机会。

○要有意识地培养宝宝自己吃饭的能力。得手把手地训练宝宝自己吃饭。即使吃得不顺利也不要紧，铺上一张塑料布，多让宝宝练习练习就好了。

○饭前一定提醒宝宝先将手洗干净，如果宝宝想在餐桌上拿食品，就让他自己拿着吃。喝水、牛奶、果汁时尽量用杯子，开始时可少放些。开始时肯定会呛着或洒得到处都是，但要是总认为太脏而不让宝宝自

己动手的话，宝宝将来也不会自己动手，而且极有可能影响到宝宝独立、自理性格的形成。

　　在培养宝宝自己使用餐具时，父母也要注意，不要让宝宝吃得太多，因为多吃极有可能造成宝宝肥胖，并且加重胃肠道的负担，使宝宝出现消化不良、吸收障碍，甚至是腹泻等。

33. 给宝宝讲故事的技巧

每个人都有一个童话的梦想，每个人都曾度过一个故事时代。宝宝几乎是生活在故事里，每当夜幕降临，爸爸或妈妈就会陪着小宝宝，小小的动物主角们就开始上场了，无论是偷油吃的小老鼠，还是勇抓坏蛋的警长黑猫……

给宝宝讲故事，首先要选好故事的主题。

首先，要选好故事的主题。令人难忘的故事，形象生动活泼的故事，可提高宝宝的兴趣，宝宝喜欢听，也记得住。尽管不同的时代都有不同的故事，但是古今中外著名的童话故事，仍然在教育着一代又一代的少年朋友，而父母在事先应准备好所要讲的故事，一定不要现编现讲。可以选购几本儿童故事书，故事要求内容健康向上，具有趣味性，语言生动形象，贴近孩子生活，富有生活哲理。

其次，在讲故事时，要注意与宝宝的互动。在讲故事过程中，可以插入几个小问题让宝宝回答，以启发宝宝思维跟上故事的发展。讲完故事后，根据故事内容提几个问题，让宝宝回答，或者在父母的提示下，让宝宝复述故事梗概。这样可以锻炼宝宝的记忆力和语言表达能力。也可以把故事略为改动，再让宝宝想象接下来会发生什么事情，这样可以促进宝宝动脑筋，锻炼宝宝的想象力和创造力。

最后，要注意讲故事时间。讲故事可以随时随地，但每次讲故事的时间不要太长。尽量不要讲一些容易使宝宝害怕的鬼怪故事，尤其是在晚上宝宝入睡前不要讲惊险、刺激的故事。同时也要注意语言规范，不要使用粗俗的语言，即使是"坏人"也不可使用骂人的脏话，以免污染宝宝圣洁的心灵。